KB182107

50대 중년,
산티아고에서
길을 묻다

50대 중년, 산티아고에서 길을 묻다

초판발행 2020년 8월 15일
초판 2쇄 2020년 8월 31일

지은이 이기황
펴낸이 채종준
펴낸곳 한국학술정보(주)
주 소 경기도 파주시 회동길 230(문발동)
전 화 031-908-3181(대표)
팩 스 031-908-3189
홈페이지 http://ebook.kstudy.com
E-mail 출판사업부 publish@kstudy.com
등 록 제일산-115호(2000. 6. 19)

ISBN 979-11-6603-046-8 13980

책에 대한 더 나은 생각, 끊임없는 고민, 독자를 생각하는 마음으로 보다 좋은 책을 만들어갑니다.

잠시 인생의 길을 잃은
나에게 나타난 산티아고

50대 중년, 산티아고에서 길을 묻다

| 글 · 사진 이기황

이담 Books

글머리에

"미안합니다, 그동안 수고 많으셨습니다."

결국, 올 것이 오고야 말았다. 30년 직장 생활 했으니 이제 좀 쉬어도 된다는 사람들의 위로는 내가 돌아갈 곳이 없다는 얘기처럼 들렸고, 그 불안감은 거듭되는 재취업 실패로 확인되고 있었다. 그렇게 공황 상태와 같은 그해 가을을 보내고 12월이 되어 한 해를 갈무리하는 시점이 되자 '넘어진 김에 쉬어가자'는 소심한 배짱이 생겨났다.

이 무렵 산티아고를 떠올렸다. 수년 전, 선배 부부가 페이스북에 매일 올렸던 순례여행 사진을 보며 열심히 '좋아요'를 눌렀던 기억이 났다. 그때만 해도 인생을 잘 살아온 사람들의 장기 외유코스 정도로 생각했던 그 길은 나와는 상관없는 다른 세계에 존재하는 것이었다.

많은 사람들에 의해 치유와 영적 깨달음의 길로 알려진 산티아고 순례길, 굳이 그 먼 길을 걸어야 할 이유도, 그럴 생각도 없었더라면 좋았을 것이다. 그럼에도 이 길을 걷는 사람은 운명이랄 수밖에….

길을 걸으며 많은 사람들을 만났고, 짧았지만 영혼의 울림이 있는 대화를 나눴다.

인생의 뒤안길에서 허허로운 일상을 달래기 위해 느린 걸음을 걷는 노인들도 있었고, 이제 막 사회로 첫발을 내딛는 20대들도 있었다. 그런가 하면 죽어라 일만 하다 번아웃 되어 자신을 한번 돌아보는 시간을 갖는 젊은 여성들과, 평생 처음 자신만을 위한 시간 보내기에 과감히 도전한 중년 여성들이 있었다. 사는 곳은 달라도 그들이 살며 부딪히는 문제들은 다들 비슷하기에 그들은 매일 이삼십 킬로를 걸으며 낯선 이에게 '올라, 부엔 까미노' 하며 기꺼이 서로를 응원해줄 수 있었던 것 같다. 사뿐사뿐 빠른 걸음도 있었고 통증으로 힘겨운 걸음도 있었다. 걷는 속도는 차이가 났지만 그날그날 숙소에 무사히 도착했고 새로운 얼굴들과 함께 즐거운 저녁시간을 가졌다. 처음부터 동료들과 함께 온 사람들도 있었지만 혼자 걷기 시작해서 길동무가 되는 경우도 많았다. 나는 주로 혼자 걸었지만 간간이 길동무가 나타나 적적함을 덜어주었다. 그렇다고 혼자 걷는 것이 그렇게 적적하지만은 않았다. 광활한 대지에서 춤추는 초록 밀밭과 붉은 황토 위에 끝없이 이어진 키 작은 포도나무들이 친구였고, 푸른 하늘을 떠다니는 하얀 구름들이 또 다른 나그네였다.

글을 쓰는 내내 순례길의 감동 속에 빠져 있어 행복했다. 길을 걷는 동안에는 미처 몰랐던 것들을 알게 되었고 무심코 지나쳤던 것들의 의미가 새롭게 다가왔다. 무엇보다 많은 사람들로부터 너무도 많은 도움을 받았음을 새삼 깨닫게 되었다. 이 책은 그분들의 이야기이며 그분들께 못다 전한 감사의 표시이기도 하다.

아내에게 감사한다. 글을 쓸 수 있었고 여전히 행복을 꿈꿀 수 있는 것은 모두 아내 덕분이다. 지난 2년은 중년 남성에게 있어 아내의 존재는 하나님 바로 아래임을 인정하게 만든 시간이었다.

부족한 나의 글이 많은 이들에게 코로나19로 인해 답답한 일상을 잠시나마 벗어나 산티아고 순례길의 평화와 자유로움으로 안내할 수 있기를 소망한다.

Contents

| PART 1 |

그래, 가자! 산티아고 순례길

| PART 2 |

세상에서 가장 아름다운 까미노

| PART 3 |

함께여서 즐거운 길

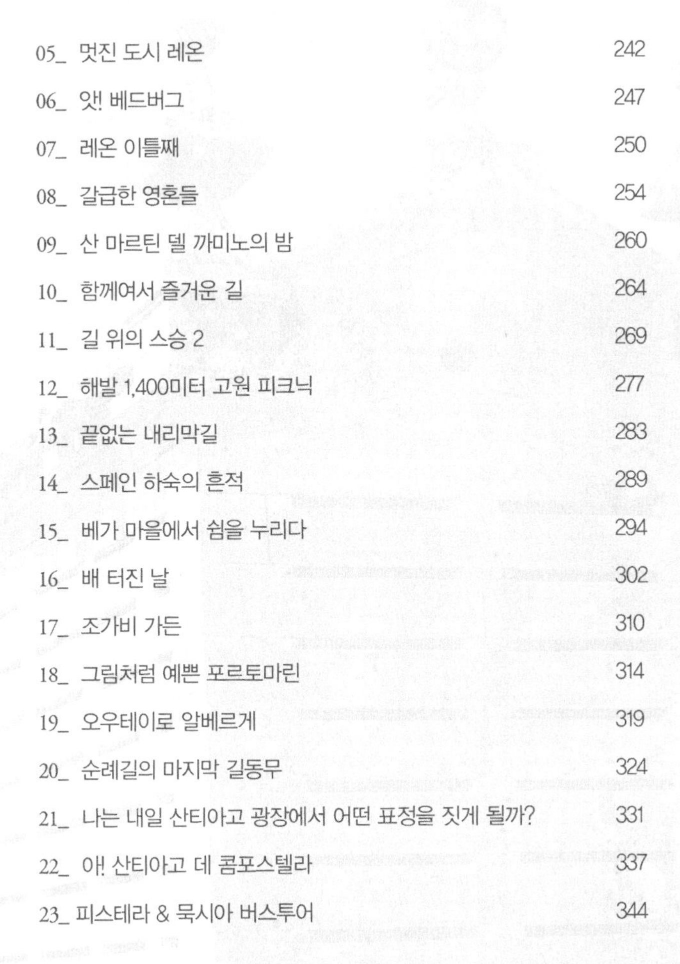

Part

1

그래, 가자!
산티아고 순례길

01 —

그래, 가자! 산티아고

산티아고를 다녀와야겠다는 생각이 들자 폭풍 인터넷 검색이 시작되었다.

산티아고 순례길 관련 네이버 카페 '까미노 친구들 연합(까친연)'을 수시로 들어가서 최근 올라온 글들을 보며 필요한 사항들을 하나씩 준비하기 시작했다. 먼저 출발 날짜부터 결정해야 했다. 3월은 너무 촉박하기도 하고 너무 춥다고들 하여 4월 중순 이후로 정했다. 그다음은 항공권을 끊기 위해 귀국일을 정해야 하는데 좀 고민이 되었다. 인터넷에 올린 글들을 보니 대체로 30일 전후가 많았다. 항공권을 검색해보니 4월인데도 직항 편은 100만 원을 훌쩍 넘었다. 카페에는 90만 원대 국적기 직항 편으로 예약했다는 글들도 심심찮게 보이는데 도대체 얼마나 일찍 예약을 한 걸까? 1박 경유 포함 조건으로 저렴한 가격대의 날짜를 찾다 보니 22일 출발 편으로 루프트한자 797,000원이 눈에 들어왔다. 프랑크푸르트 3시간 경유 편으로 취소 불가 조건이다. 귀국 편은 5월 30일 마드리드 출발이다.

'음… 취소할 일 없고, 3시간 경유면 뭐 어때 독일도 가보고 좋지 뭐, 콜!'

놓칠세라 잽싸게 핸드폰으로 결제까지 완료했다.

이제 한 달 하고 5일 후면 800km를 걷는다.

근데, 체력은 괜찮은 거니?

빨리 어딜 좀 나갔다 와야겠다는 조급증 때문이었을까, 아님 무식해서 용감했던 걸까, 아무튼 비행기 티켓을 끊고 난 바로 다음 날부터 나의 각성은 꼬리를 물고 이어졌다.

'너 등산 별로 안 좋아하잖아, 너 퇴직 이후 집에만 처박혀 있으면서 운동도 거의 안 했잖아. 너 스페인어, 불어 한마디도 못 하잖아….'

심란해지는 마음을 달래며 등산화부터 구입했다. 아내가 머렐 등산화를 추천했다. 처음 신어보는 이 등산화는 완전히 신세계였다. 기존의 등산화는 늘 양쪽 엄지발가락에 통증을 일으켜 등산을 싫어하게 만들었었다. 그런데 새로 구입한 등산화는 놀라울 만큼 가볍고 편안했다. 이때부터 왕복 4km 남짓 되는 도서관을 매일 걸어 다니는 나의 일상이 시작되었다.

까친연 카페에 수시로 들어가서 출발 전 준비물에 관한 내용들을 참고했다.

신발만큼 중요한 배낭은 종로 오스프리 매장에 직접 나가서 구입했다.

48L짜리 배낭을 메어보기는 처음이라 매장 직원의 도움은 매우 유용했다.

옷가지는 등산복 외에 약간 얇은 소재의 상 · 하의 2벌씩 준비하였고 등산양말 3켤레를 준비하였다. 배낭에서 의외로 부피를 많이 차지하는 품목이 상비약과 영양제였다. 마음 같아서는 이것들을 과감하게 빼버리고 싶었지만 아내의 살벌한 눈길을 보는 순간 바로 포기한 채 얌전히 배낭 속에 넣어두었다.

출발 이틀 전에 항공사로부터 한 통의 전화가 왔다. 아시아나 직항 편으로 항공편을 바꿔드려도 괜찮겠냐고 묻는다. 당근 괜찮고말고요, 속으로 쾌재를 부르며 '감사합니다'를 연발했다. 출발부터 행운도 생기고 뭔가 조짐이 좋은걸….

02

어서 와,
프랑스는 처음이지?

아! 파리, 난생처음 와보는 유럽의 관문이자 패션의 도시. 샤를 드골 공항에 도착한 시간은 오후 7시 무렵인데도 한낮이다. 숙소인 F1 로이시 호텔까지는 터미널 3 로시폴에서 블루라인 셔틀버스를 타야 했는데 막상 공항에 내리고 보니 어디가 어딘지를 분간하기 어려웠다.

엘리베이터를 타고 오르락내리락을 반복하다 할 수 없이 공항요원들에게 물어서 셔틀 트레인 타는 곳까지 갈 수 있었다. 터미널 3에서 호텔까지는 버스로 20분 정도 걸렸다. 공항에서 헤매느라 시간을 보낸 탓에 호텔 체크인을 하고 나니 벌써 8시를 훌쩍 넘고 있었다.

F1 로이시 호텔은 사이트에서 본 이미지와 크게 다르지 않았다. 깔끔하지만 싱글 침대 5개로 된 다인실이다. 호텔 내 조식 먹는 공간을 제외하고는 모두 객실이다. 부대시설은 같이 붙어 있는 이비스 호텔의 바를 이용하

거나 호텔 단지 입구에 있는 좀 비싸 보이는 레스토랑을 이용하면 될 듯하다. 프런트 근무자에 의하면 오늘 이방에 나 외에 예약된 손님은 없다고 한다. 5인실 방에 혼자 잔다. 아시아나 직항 변경에 이은 두 번째 개꿀 행운이다.

그나저나 시간이 참 애매하다. 내일 아침 일정을 생각하면 일찍 자는 게 맞는데 아직 잠자기는 이르고 주변에 갈 만한 곳도 없고… 그래, 시내 나가서 에펠탑 인증 샷이라도 찍고 오자.

마침 셔틀버스가 들어오고 있어서 쏜살같이 호텔 밖으로 튀어 나가 버스에 올라타고 다시 공항으로 향했다. 아까 버스를 탔던 터미널 3으로 다시 가서 처음 마주친 안내 여직원에게 다짜고짜 헬프미를 외치며 에펠탑 가는 티켓팅을 도와달라고 했다. 프랑스 발음의 알아듣기 힘든 영어였지만 그 여직원은 지하철 노선도에 표시를 해가며 친절히 안내해주며, RER(프랑스 국철) 왕복 패스를 끊었기 때문에 24시 전까지는 터미널 3으로 다시 와야 한다고 일러준다. 여직원한테 감사의 인사를 건네고 시내 방향으로 가는 열차를 탔다. 파리의 지하철 노선도 우리나라 못지않게 복잡한 데다 지역명들이 낯설어서 그런지 눈에 잘 들어오지 않는다.

한참을 가다 보니 어느 역에선가 차량이 멈춰 섰다. 아무런 안내 방송도 없는 가운데 사람들이 내리기 시작한다. 나는 영문을 모른 채 불안한 눈으로 주위를 살피고 있자니 아까 중간에 지하철로 갈아탈 때 잠깐 얘기 나누었던 독일 커플들이 눈에 들어왔다. 이들도 무슨 영문인지 잘 모르겠다

센강 알렉산드르 3세 다리 야경

는 표정으로 자기네 말로 구시렁대며 전철에서 막 내리고 있었다. 독일 남성에 의하면 여기서 20분 정도만 걸어가면 에펠탑까지 갈 수 있다며 같이 갈 테면 따라오라 한다. 별수 없이 저들을 따라 지하철을 나섰다. 태어나서 처음 와 본 프랑스 파리의 밤거리를 어디인지도 모른 채 낯선 독일 커플과 함께 걷는 희한한 경험을 해본다.

파리는 역시 파리다. 센 강변으로 오래된 유럽의 건물들과 다리의 조명들이 저마다 품격 있는 아름다움을 자랑하고 있었다. 독일 커플들과는 의례적인 몇 마디를 주고받았는데 여성이 한국에 대해 의외로 많은 것을 알고 있었다. 아무래도 케이팝의 위력인 듯하다.

조금 걷다 보니 멀리 에펠탑의 불빛이 보이기 시작한다. 숙소로 돌아갈 길을 서두르기 위해 독일 커플에게 작별 인사를 건넨 후 나는 에펠탑 방향

에펠탑 야경

을 향해 뛰기 시작했다.

드디어 고풍스러운 건물들 사이로 에펠탑의 멋진 조명이 환하게 드러났다. 조명을 입은 에펠탑은 웅장하고 아름다웠다.

좁은 도로를 마주 보고 늘어선 카페들에는 수많은 사람들이 삼삼오오 무리 지어 떠들어대고 있다. 테이블 위에는 와인잔이며 맥주잔이며 커피잔들이 놓여 있고 연신 먹고 마시며 행복한 모습들이다. 저들의 모습을 보면서 아, 내가 정말 유럽에 왔구나! 하는 실감이 들었다.

적당한 위치에 서서 뒷배경으로 탑을 넣고 셀프 인증 샷을 찍었다. 일단 인증 샷 성공!

자, 이젠 숙소로 무사히 돌아가는 일만 남았다. 샤를 드골 공항 방향으로 가는 지하철을 타자. 지나가는 사람들에게 묻고 또 물어 어딘지 모를 지하철역으로 들어왔다.

막상 지하철역으로 들어왔지만 공항까지 어떻게 가야 할지가 막막했다. 지나가는 사람들한테 다가가 "샤를 드골 에어포트!" 하면 사람들은 어깨를 으쓱하고 지나갈 뿐이다. 그러기를 몇 차례 반복하다 다행히 영어가 되는 젊은 신사분의 안내로 중간에 갈아타는 역까지는 잘 올 수 있었다. 그런데 갈아탄 열차에서 어이없게도 반대편으로 가고 있는 나를 발견했을 때는 시간은 이미 11시를 넘기고 있었다. 유심이 안 터지는 탓에 구글맵을 볼 수 없어서 이런 말도 안 되는 고생을 하고 있다.

반대편 플랫폼에서 한참을 기다린 끝에 다시 지하철을 타고 한숨 돌리며 잠시 눈을 붙였다 싶었는데 웬 낯선 곳에서 종착역이라고 다들 내린다. 지하철에서 나와 보니 앞쪽에 버스가 두 대 세워져 있는데 사람들이 그쪽으로 이동하고 있었다. 버스 주변에는 안내원으로 보이는 사람들이 있어서 그들에게 샤를 드골 공항으로 가야 하는데 도와달라고 하니 버스를 타라고 한다. 다행이다 싶어 버스 요금이 얼마냐고 물어보니 무료라고 한다. 도대체 알 수 없는 프랑스의 교통시스템이다. 늦은 시간이었음에도 버스에는 빈자리가 없을 정도로 사람이 많았다. 그런데 지금 생각해보면 승객들은 거의가 다 흑인들이었던 것 같다.

버스에서 내리고 보니 이제부터는 다시 호텔까지 갈 일이 문제다. 셔틀버스 사무실을 물어서 가보았지만 이미 버스는 끊긴 지 오래라고 한다. 택시를 잡기 위해 정류장 주변을 어슬렁거리고 있는데 저쪽에서 흑인 청년 하나가 이쪽으로 오고 있는 게 보였다. 내가 먼저 다가가서 영어로 택시를 타려면 어디로 가야 되는지 물으니 이 친구, 서툰 영어로 자기가 데려다주겠다고 말하는 게 아닌가. 나는 깜짝 놀라, "그래? 고마워" 하고 보니 살짝 불안한 마음이 들기도 한다. 잠시 후 소형 승용차를 몰고 다시 나타난 청년이 나더러 타라고 한다. 이 친구의 정체를 몰라 불안하기는 했지만 '뭐 별일이야 있겠어?' 하는 마음으로 차에 올라탔다.

차 안에 있는 소지품들로 보아 본인의 차가 맞는 것 같다. 아마도 프랑스는 자가용으로 영업행위를 해도 불법이 아닌 듯하다. 호텔 앞에 도착해서 지갑에 있는 10유로짜리를 건넸더니 이 친구, 한 장 더 달라고 볼멘소리를 한다. 내가 지폐가 없어서 미안하다며 호주머니에 있던 동전을 전부 건네주니 씩 웃으며 떠난다.

아, 에펠탑이 뭐라고 이렇게 무모한 짓을 하다니… 그래도 밤이 새기 전에 돌아왔으니 얼마나 다행이야. '하나님, 감사합니다' 하는 기도가 절로 나왔다.

씻고 잠자리에 누운 시간은 새벽 1시 30분, 세 시간 남짓 눈을 붙일 수 있다.

잠을 자는 둥 마는 둥 하다 5시에 맞춰놓은 알람 소리에 눈을 떴다. 대충 씻고 짐을 챙긴 후 공항 셔틀버스에 올라탔다. 몽파르나스 역 테제베 출발 시간인 7시 50분까지는 두 시간 반의 여유가 있다. 터미널 2에서 RER을 타고 가다 중간에서 지하철로 갈아타서 몽파르나스까지 가는 여정이다. 어젯밤 프랑스 지하철에서 고생을 했던 탓에 시간 내에 잘 찾아갈 수 있을지 여전히 불안하다.

RER 열차를 타고 한참을 오다 중간에 지하철로 다시 갈아타고 얼마 지나지 않아 몽파르나스 지하철역에 내렸다. 지하철로 갈아타는 데 생각보다 시간이 많이 걸렸던 탓에 기차 출발 시간까지 얼마 남지 않았다. 'Gare Montparanass' 안내표시를 따라 이동하다 보니 금세 몽파르나스 역내로 진입했다. 역사 안은 많은 사람들이 분주하게 움직이고 있었다.

대형 전광판에 출발 예정 열차번호와 선로 표시가 나오는데 바욘 행 열차 표시가 금방 눈에 들어오지 않는다. 불안해지기 시작한 나는 선로에 정차되어 있는 열차들의 번호를 확인해가며 계속 앞으로 나아갔다. 그렇게 정신없이 앞으로 가다 보니 맞은편에 안내센터가 보인다.

헐레벌떡 뛰어가서 바욘 행 기차를 어디서 타는지를 물어보니 여직원이 내 기차표를 확인하고선 친절하게 안내소를 나와 내가 왔던 방향을 가리키며 4번 홀로 가라고 한다. 다행히 4번 홀은 안내소에서 그리 멀지 않았다.

내가 탈 차량 INOUI 8531을 확인하자 '후유' 하고 안도의 한숨이 나왔다.

폴 베이커리

시간을 확인하니 7시 35분, 15분 정도 여유가 있어 개찰구 앞에 있는 PAUL 베이커리 가판대로 갔다. PAUL 베이커리는 프랑스에서 꽤 유명한 모양이다. 역사 안 여러 곳에 가판대 형태의 매장들이 있는데 매장마다 사람들이 줄지어 있는 모습이 인상적이다. 크루아상과 추로스, 토르티야 등 빵 종류와 커피와 음료들이 있다. 나는 토르티야 한 조각과 아메리카노를 받아 들고 뛰다시피 해서 열차에 올라탔다.

열차 내부는 KTX와 비슷했다. 입구에 배낭을 내려놓고 안으로 몇 발짝 걸어가니 내 좌석 번호가 나왔다. 역방향 좌석이다. 123유로씩이나 지불했는데 역방향이라니… 살짝 실망스러운 마음을 접어두고 먼저 커피를 한 모금 삼켰다.

프랑스에서 처음 마셔보는 아메리카노는 진하고 구수했다. 천천히 커피를 홀짝이며 토르티야를 한입 베어 무니 속에서부터 행복감이 스르르 올라온다.

어제 오후 파리에 토착해서부터 지금까지의 그 짧은 시간이 아주 오래된 것처럼 아득하게 느껴진다. 어디가 어딘지도 모른 채 낯선 도시의 밤을 헤매고 다니며 익숙지 않은 억양에 온몸으로 소통했던 경험들. 지하철에서 빠져나와 함께 걸었던 독일 커플들의 강한 악센트가 들리는 듯도 하고, 공항에서 자신의 차로 숙소까지 데려다준 흑인 청년의 볼멘 음성이 들리는 듯도 하다. 결과적으로 무사히 테제베를 탔으니 망정이지 사실 처음부터 잘못된 일정이었다. 몽파르나스 역 주변에서 2박 정도 묵었다면 딱 좋았을 것이다.

그나저나 유심이 안 터져서 큰일이다. 스페인으로 넘어가야 되려나 보다.

바욘 전경

이런저런 상념들이 꼬리에 꼬리를 물며 머릿속을 헤엄쳐 다닌다.

테제베는 프랑스 북부의 어느 들판을 빠르게 달리고 있다. 언젠가 프랑스에 다시 오게 되면 천천히 여유롭게 이 나라를 느껴보리라.

얼마 남지 않은 커피를 홀짝이며 차창 밖으로 멀어지는 프랑스를 멀거니 바라보고 있었다.

오전 11시 50분, 남자 승무원의 프랑스어 안내방송이 들린다(내 귀에는 그저 바욘 바욘밖엔 안 들렸지만…). 자, 또 새로운 도시 바욘에 도착했다.

바욘 역 주변은 공사 중이라 어수선하긴 했지만 전형적인 유럽 소도시의 모습이다. 도시를 휘감고 유유히 흐르는 아두흐강 너머로 고즈넉이 자리 잡은 바욘 시가지의 모습은 파리로 각인된 프랑스의 이미지와는 전혀 다른 모습이다.

바욘 역에서 버스로 15분 정도 걸려서 도착한 데카트론에서 스틱과 스패츠를 구입하고 바욘 역 앞에서 햄버거로 점심을 해결한 후 오후 2시 52분 생장행 열차에 탑승했다.

생장행 열차 모양은 테제베랑 비슷하게 생겼는데 속도나 분위기는 우리나라 비둘기호 느낌이다. 바욘에서 생장까지는 철로 폭이 좁은 구간을 자주 지난다. 야생동물과의 충돌을 방지하기 위해 열차는 '빠앙 빠앙' 하는 경적을 자주 울렸다. 생장에 가까워 오자 창밖으로 목장들이 펼쳐지고 소와 양들이 한가롭게 노닐고 있다. 집들도 하나같이 통나무 펜션을 연상케 하는 전형적인 유럽식 목조주택이다.

남자 승무원의 빠른 프랑스어 안내방송에서 '생장 피에드포르'가 들리고 열차는 서서히 멈춰 선다.

드디어 생장 피에드포르에 도착했다.

03

순례길이 시작되는 곳,
생장 피에드포르

생장 피에드포르의 첫인상은 그동안 사진에서 봤던 그대로 고요하고 평화롭다.

열차에서 내려 무리를 따라 이동하다 보니 알베르게 골목 초입에 있는 순례자 사무국에 도착했다. 사무국에는 다섯 명의 자원봉사자들이 순례길 참가자들에게 크레덴시알이라고 하는 순례자 여권을 발급해주고 있었다. 순례자 여권과 함께 구간별 고저표시도와 마을별로 알베르게 정보를 정리한 시트를 받았는데 이 둘은 순례길 동안 매우 유용했다.

자원봉사자분이 숙소예약 했는지를 묻기에 안 했다고 하니 뮤니시플 알베르게로 가면 된다고 한다.

등록을 마치고 일어나면서 자원봉사자에게 내일 날씨가 어떨지 물어보니 지난주부터 날씨가 풀려 내일 나폴레옹길을 오르는 데는 문제없을 거라 한다.

순례자 사무국 모습

순례자 여권Credencial

레퓨지 뮤니시플은 순례자 사무국을 나와 골목 왼쪽 오르막 끝에 위치하고 있는 3층 건물이다. 숙박비는 10유로인데 아침에 빵이 무료로 준비된다고 한다. 공립 알베르게가 싸긴 싸다. 시설은 좀 오래된 느낌은 있었지만 그런대로 관리가 잘 되고 있어 보였다. 샤워실과 화장실도 층별로 3개씩 갖춰져 있고 1층에 라운지 겸 식당으로 사용되는 테이블이 놓여 있는 공간이 있다. 라운지가 있는 1층(건물구조상 실제로는 2층)이 아무래도 선

레퓨지 뮤니시플 알베르게

생장 피에드포르 마을 전경

호도가 높은 탓에 내가 도착했을 때에는 1층은 만실이어서 나는 아래층으로 배정이 되었다.

그런데 아래층도 와 보니 나쁘지 않다. 숙소 건물이 경사지에 위치한 탓에 아래층은 지층으로 정원과 연결되어 있다. 정원(사실 정원이라기보다는 그냥 풀밭에 가깝지만)에는 빨랫줄이 설치되어 있어 좋았다.

늦은 오후 시간이 되자 기온도 올라가고 날씨가 한결 좋아졌다. 마을 맨 끝에 위치한 레퓨지 뮤니시플에서 더 위로 올라가면 생장 피에드포르 성채로 이어지는 길이 있다. 성채에 올라서니 생장 마을의 전경이 파노라마처럼 펼쳐진다. 조용하고 평화로운 마을이다. 성채를 한 바퀴 돌고 난 뒤 알베르게로 돌아오니 아까보다 많은 사람들이 1층 테이블에서 담소를 나누고 있다.

테이블 한쪽에 자리를 잡고 앉아 순례자 사무국에서 받은 자료들을 보고 있노라니 옆자리에 서양 청년이 와서 앉는다. 자연스레 눈이 마주치니 이 친구 어색한지 "하이" 하고 인사한다.

나도 어색하게 웃으며 미국인이냐고 물으니 그렇다며 마이클이라고 자신을 소개했다.

마이클은 캘리포니아에서 컴퓨터 관련 일을 하다 로스쿨을 가기 위해 최근에 직장을 그만두고 여행 중이란다. 26살이라고 하는데 직장 생활을 해서인지 나이보다 노숙해 보인다.

슬슬 배가 고파오기도 하고 마땅히 할 일도 없고 해서 마이클에게 저녁 약속 없으면 같이 먹으러 나가자고 하니 이 친구, 자기는 좀 있다 까르푸에 가서 사다 먹을 거라 한다.

그것도 괜찮겠다며 같이 가자고 하니 마이클도 그러자고 해서 함께 까

생장 피에드포르 마을의 까루프 매장

르푸를 향해 숙소를 나섰다.

마이클과 나는 까르푸에서 샐러드와 피자 그리고 와인과 치즈를 사서 숙소로 돌아와 저녁을 겸한 조촐한 와인파티를 열었다.

여기서 나는 순례길의 시작을 악몽으로 만들게 되는 치명적인 실수를 범하게 되었는데, 바로 내일 걷는 동안 먹을 것들을 사둘 생각을 못 했다는 것이다.

어느덧 우리 테이블에는 추가로 합류한 사람들로 대여섯 명이 둘러앉아 와인을 마시며 순례길 전야를 즐기고 있었다. 모두들 설레고 들뜬 기분으로 처음 보는 사람들과 언어는 불편하지만 몸짓으로 표정으로 동질감을 서로 나누었다. 긴 여행을 준비한 저마다의 사연이 있겠지만 생장에 도착한 첫날 밤 이들의 표정은 나를 포함해서 하나같이 밝고 유쾌했다.

첫날 생장 레퓨지 뮤니시플 알베르게 친구들

04

아, 나폴레옹길

아래층 숙소로 내려오니 벌써 취침 모드에 들어가 있다. 침낭을 깔고 누우니 오늘 하루가 눈앞에서 필름처럼 재생된다. 몸은 피곤한데 쉽게 잠이 올 것 같지 않다. 내일 피레네를 잘 넘어갈 수 있을까 하는 걱정도 되고 조금 전까지만 해도 잊고 있었던 유심이 안 터지고 있다는 사실이 불현듯 생각났다. 이런저런 생각으로 뒤척이다 잠든 지 얼마나 지났을까, 여기저기서 들리는 부스럭거리는 소리에 눈이 떠졌다. 깜깜한 어둠 속에서 머리밴드 랜턴을 착용하고 배낭을 꾸리고 있는 모습들이 눈에 들어왔다. 주로 연세 드신 분들이 목적지에 제때에 도착하기 위해 새벽부터 길을 나서는 모습들이다. 랜턴 불빛이 하나둘 늘어나며 바스락거리는 소리, 낮은 목소리로 대화하는 소리가 함께 어우러져 마치 무슨 어둠 속의 퍼포먼스 같아 보인다.

나볼레옹길에서 본 일출

스마트폰의 시간을 확인하니 5시를 좀 지나고 있다. 깊은 잠을 못 자 눈이 뻑뻑하고 몸은 찌뿌둥했지만 스마트폰의 라이트를 켜고 배낭을 꾸리기 시작했다.

1층 라운지에는 그새 사람들로 북적인다. 주방 싱크대 위에 식빵과 우유 그리고 분말 커피 통이 놓여 있고 테이블 위에는 버터 덩어리가 담긴 플라스틱 통이 놓여 있다. 각자 먹을 만큼 식빵을 테이블로 가져와서 먹고 일부는 싸가기도 했다. 나도 커피 한잔과 함께 토스트 몇 장을 먹고 길을 나섰다.

4월 24일 6시 40분, 아직 어둠이 채 가시지 않은 생장 마을 알베르게 골목의 끝에서 나는 순례길의 첫걸음을 힘차게 내딛었다.

오리손 산장 가기 전 나폴레옹길

마을 중심을 벗어나서 한 10분가량 걸으니 맞은편에 큰 저택이 나타나고 저택을 기준으로 좌우로 길이 나 있다. 자세히 다가가서 표지판을 보니 오른쪽 큰길 방향으로 발카를로스라고 되어 있다. "어떻게 된 걸까, 나폴레옹 표시는 안 보이고 왜 발카를로스 표시만 있는 거지? 그렇다고 아무 표시가 없는 왼쪽 길은 아닌 거 같은데, 저 길이 더 좁잖아…" 이런 생각이 들면서 일단 넓은 길 쪽으로 계속 걸어갔다. 한참을 가고 있는데 뒤에서부터 "탁 탁" 하고 이른 아침의 정적을 깨우는 소리가 들려온다. 스틱으로 아스팔트 도로를 찍는 소리였다. 스틱 소리가 점점 가까워져 오는 듯싶더니 "올라" 하고 키가 큰 서양인이 다가온다. "올라, 굿모닝" 하면서 바라보니 건장한 유럽 노인이다. 길을 잘못 들은 것 같아 일부러 천천히 걸으며 누군가 나타나기를 내심 기대하고 있던 참이어서 반가웠다.

서로 어디서 왔느냐, 일행이 없느냐는 등의 가벼운 대화를 나누면서 걷던 중 내가 나폴레옹 루트로 가려고 하는데 표시가 안 보인다고 하자 노인은 이쪽은 발카를로스길이고 나폴레옹 루트는 저쪽으로 가야 한다며 높은 지대 쪽을 가리킨다. 순간 나는 아차 싶었다. 아까 그 저택 앞에서 왼쪽 좁은 길로 가야 했던 거였다. 나폴레옹 루트는 산길이고 발카를로스 루트는 도로라고 했던 걸 본 기억이 났다. 아, 이거 다시 돌아가야 하나 하는 생각을 하고 있는데 노인이 이쪽으로 조금 더 가다 보면 나폴레옹 루트로 합류되는 길이 나올 거라 하는 게 아닌가.

"아, 다행이다. 감사합니다. 그런데 어떻게 그렇게 길을 잘 아세요?" 하는 나의 물음에 노인은 웃음 띤 얼굴로 "예전에는 그쪽 길로 많이 다녔는데 요즘은 이쪽으로만 다녀"라고 둔탁한 독일어 발음으로 대답한다. 그러더니 다시 '타악 타악' 스틱을 찍으며 성큼성큼 걷기 시작한다. 유럽 사람들은 아무래도 가까우니까 이 길을 자주 오나 보다. 아무튼 다행이지 뭐야, 이노무 길치… 이런 생각을 하며 걷고 있는데 정말 작은 갈림길이 나왔다. 독일 노인 순례자는 스틱을 내 쪽으로 향해 들더니 "부엔 까미노" 하고선 성큼성큼 사라진다. 나도 "Thank you very much, 부엔 까미노!" 하고 인사하며 사잇길로 접어들었다.

어느덧 길에는 순례객들이 많아졌다. 생장에서 오리손 산장까지는 거리는 8km 정도밖에 안 되지만 600미터의 고도 차이가 난다. 중간에 음식물을 판매하는 곳은 한 군데도 없었다. 특히 '오리손 5km' 팻말이 보이는 지점을 지나면서부터 이어지는 가파른 오르막길 구간은 체력소모가 심했다. 오리손 산장에 도착한 시각이 9시 20분. 생장에서 꼬박 두 시간 반이 걸렸다. 쉬지 않고 온 것치고는 시간이 많이 걸린 셈이다.

오리손 산장은 전형적인 시골 산장의 모습을 하고 있다. 일부 사람들은 여기서 하루를 묵고 간다고들 하는데 그게 맞는 거 같다. 예약이 힘들다는 게 함정이지만.

생장에서 아침 일찍 출발한 사람들이 산장 1층 바(스페인에서는 카페테리아를 '바bar'라고 한다)에서 아침을 먹고 휴식을 취하고 있었다. 나는 토르티야 한쪽과 호박 수프를 주문해서 테이블 한쪽 귀퉁이에 앉아 먹기 시작했다. 간혹 한두 번 마주친 얼굴들이 보여 눈인사를 나누었지만 먼저 다가가서 얘기를 나눌 만큼 기력도 마음도 생기질 않는다. 그렇게 정신없이 음식을 먹고 나니 살 것 같았다. 특히 뜨끈한 호박수프는 방전되다시피 한 체력을 신속하게 회복시켜 주었다. 하지만 이때까지도 나는 오르막 구간에서 왜 급격히 체력이 떨어졌는지에 대한 생각이 없었다. 등산을 자주 하지도 않았거니와 더욱이 혼자서 힘든 산행을 해본 경험이 없어서 소위 '당이 떨어졌다'는 게 어떤 건지를 몰랐다.

오리손 산장의 호박 스프와 토르티야

05

헬프! 헬프!

오리손 산장을 지나서는 얼마간 완만한 경사가 이어졌고 컨디션도 정상으로 돌아왔다. 하늘에 구름은 좀 많았지만 끝없이 펼쳐진 피레네 산맥의 멋진 풍광을 사진과 동영상으로 남기며 산행을 계속했다. 그러다 다시 가파른 오르막길이 끝없이 이어졌다. 오리손 산장을 나선 지 두 시간여 지난 지점부터는 체력이 급격히 떨어지며 오르막을 내딛는 발에 힘이 들어가질 않는다. 쉬어도 잠시뿐 마치 방전된 배터리처럼 금방 다시 지쳐 주저앉게 된다. 바람은 점점 더 세차게 불어오고 설상가상으로 우박을 동반한 비가 쏟아졌다.

판초 우의를 꺼내 입을 수도 없을 만큼 심하게 몰아치는 비바람에 이미 바닥난 체력은 앞으로 한 발짝 내딛지도 못한 채 바위를 붙들고 비바람이 잦아들기만 기다릴 뿐이었다. 이미 올라갈 사람들은 다 올라가고 더 이상 아래에서 올라오는 사람도 없다.

일행도 없이, 미처 이런 상황에 대한 아무런 대비도 없이, 더군다나 유심도 개통이 안 된 상태에서 나는 완전히 고립되었다. 구조를 요청할 아무런 방법이 없었다. 이렇게 허망하게 죽을 수도 있겠구나 하는 생각이 들면서 공포가 엄습했다. 아내와 아이들의 얼굴이 떠올랐고 내가 살아온 시간들이 빠르게 머릿속을 지나갔다.

"아니야, 이렇게 죽을 수는 없어. 나는 이렇게 허망하게 죽을 운명이 아니야. 그럴 거 같았으면 하나님이 지금까지 나를 지켜주시지도 않았어. 하나님, 살려주세요!"

얼마가 지났을까… 멀리 위쪽에서부터 차량 한 대가 내려오고 있었다.

'살았다' 하는 생각으로 길옆으로 다가가 차를 세우려고 하니 운전자가 그냥 지나친다.

'아니, 이럴 수가….'

황당하고 실망스러웠지만 그래도 희망이 생겼다. 이 길 위로 지나가는 차량이 있다는 건 내가 구조될 수 있다는 거니까.

다시 얼마 동안의 시간이 지나고 또 한 대의 차량이 내려오는 게 보였다. 이번에는 운전자 위치로 좀 더 다가가서 도와달라고 하니 운전자가 손가락으로 X를 지어 보이며 또 지나쳐 간다. '아뿔싸, 위쪽에서부터 나 같은 조난자를 태워 내려가나 보다. 절망이다….'

가뜩이나 내려오는 차도 드문데, 혹시 있다 해도 위에서부터 조난자를 태워 온다면 나에게까지 차례가 올 것 같지가 않았다. 온몸에서 힘이 빠져나가면서 눈앞이 하얘졌다.

기도할 힘도 없었다. 바위를 붙든 채 하늘을 보며 이 어처구니없는 상황에 오열했다. 세찬 바람을 타고 돌가루를 머금은 빗방울들이 얼굴을 아프게 때린다.

얼마를 지났는지 기억이 흐리다. 살려주실 거란 믿음 때문인지, 자포자기인지 아니면 저체온증으로 의식이 흐려지기 시작한 탓인지 잘 모르겠지만 어느덧 추위도, 고통도, 억울한 감정도 아련해지는 것 같았다.

그즈음 멀리서 또 한 대의 차량이 내려오고 있는 모습이 보였다. 나는 본능적으로 길 한가운데로 몸을 던졌다.

'무조건 타야 한다! 트렁크에라도 올라타자!'

'여기를 벗어나야 한다, 이번에도 저 차에 타지 못하면 나는 꼼짝없이 죽는다.'

기다시피 도로 한가운데로 가서 미친 듯이 "헬프! 헬프!" 하고 외쳤다.

잠시 후 하얀색 푸조 소형 승용차가 내 앞에 멈춰 섰다.

40대로 보이는 여성이 운전하고 있었는데(이름도 물어보지 못했단 사실을 나중에야 깨달았다) 그 옆자리엔 다른 여성이 그리고 운전석 뒤엔 고등학생쯤으로 보이는 남학생이 타고 있었고, 다행히 그 옆자리에 내가 탈

수 있었다. '하나님! 감사합니다, 살려주셔서 감사합니다.'

생장 지역에 사는 프랑스인들이었다. 저체온증으로 온몸을 바들바들 떠는 내게 보온병에서 따뜻한 차를 따라 주며 위로를 해주었다. "땡큐 우… 땡큐 우… 유 세이브드 마이 라이프…." 차를 바닥에 흘리지 않기 위해 찻잔을 두 손으로 움켜쥐고 입술에 댄 채 떠듬떠듬 감사의 인사를 전했다. 생명의 은인들은 생장 지역 주민이었다. 나폴레옹 루트를 따라 피크닉을 왔다가 날씨가 안 좋아져서 철수하는 길이라고 했다. 계속해서 심하게 떨고 있는 내게 여러 차례 따뜻한 차를 따라 주고 자신들의 피크닉 도시락도 나눠 주며 진심으로 나를 위로해줬다.

옆에서 무슨 소리에 얼핏 눈을 뜨고 보니 주변이 어둑하다.

"저기, 이 옷들 아저씨 거 맞지요?" 옆 침대의 한국 여성분이 침대 난간에 걸려 있는 옷가지를 가리키며 말했다. "아까 아저씨가 빨래 널고 있는 거 봤어요. 비가 와서 내가 걷어다 놓았죠." '아, 그랬구나. 내가 그새 잠이 들었었구나.'

생장 마을 입구에서 차에서 내려 레퓨지 뮤니시플에 다시 입실한 후 젖은 옷가지를 빨아 널고 난 다음 침대에 잠시 누웠는데 그새 잠이 들었던 거다.

아주머니는 '셀리'라는 영어 이름으로 자신을 소개했다. 감사하다는 나의 인사에 "깨울까 하다가 너무 곤하게 자고 있어서 내가 걷어왔지요."

"그나저나 낮에 그렇게 자면 이따가는 어떻게 한데요?" 걱정스러운 말투에서 왠지 친근감이 묻어났다.

셀리는 젊어서 남편을 따라 미국으로 이민 가서 지금은 LA에서 살고 있다고 한다. 그녀의 표현대로 이제 막 '6학년'에 접어든 그녀는 스스로를 미국에서 20년을 넘게 살면서 영어 한마디도 못 하는 멍청이라고 한다. "남편이 다 해줬으니까. 내가 사회활동을 안 하니까 별로 영어 쓸 일이 없더라고. 그래도 기 안 죽고 이렇게 혼자 막 돌아다녀…."

말은 그렇게 했지만 LA에서 여성 혼자 산티아고 순례길을 나섰을 땐 그녀 나름 그만한 사연이 있으리라. 그러다 대여섯 살 손아래 한국 남자를 보니 동생 같은 마음이 들었던지 셀리 아주머니는 그날 저녁 두 시간 가까이 수다를 떨었다.

06

첫 길동무 아미 상

이튿날 잠자리에서 일어났을 때는 벌써 날이 밝아오고 있었다. 프랑스에서부터 쌓여 있던 수면 부족과 어제 나폴레옹 루트의 피로가 누적된 탓인지 어젯밤에는 기절하듯 잠에 빠져들었다.

밖에는 어제 오후부터 시작된 비가 아직 내리고 있다. 알베르게 직원에 의하면 오늘 나폴레옹 루트는 폐쇄된다고 한다. 라운지에서 식빵에다 버터를 잔뜩 발라 커피와 함께 먹으며 발카를로스길 지도를 보고 있던 나는 갑자기 스틱 생각이 났다. 어제 구조될 때 스틱을 놓고 왔었는데 하루 종일 자는 바람에 새로 구매를 못 했다.

다행히 스틱 파는 가게는 100미터가량 골목 아래 왼편에 있었다. 이른 아침인데도 중년 부부가 일하고 있다. 카운터에서 계산할 때 주인장이 보고 있던 인터넷 페이지가 눈에 들어왔는데 어제 피레네 상황에 대한 인터넷 뉴스였다. 앰뷸런스 사진과 함께 96명의 조난자를 구출했다는 타이틀이다. 만약 민간인한테 구조되지 않았더라면 저 숫자에 내가 포함되었을까? 구조대가 나를 발견했을 때까지 내가 살아 있었을까?

발카를로스길은 나폴레옹 루트에 비해 높이도 낮고 거리도 2km 정도 더 가깝다. 어제보다는 출발이 한 시간가량 늦었지만 가벼운 마음으로 두 번째 피레네길을 오른다. 어제 아침에 갔던 대로 큰 도로 방향으로 계속 걷다 보니 길옆으로 목장이 나온다.

온종일 내린 비에 자란 풀을 뜯어 먹느라 소와 양들이 바쁘다.지대가 아직 낮아서인지 바람도 없고 비도 그치고 걷기에 좋은 날씨다.

한참을 혼자 걷노라니 멀찍이 앞서 걷고 있는 사람들이 보이기 시작한다. 이어 내 앞에 느린 걸음으로 걷고 있는 여성의 뒷모습이 보인다. 가까이 다가서면서 '부엔 까미노' 하고 지나치려다 보니 일본 여성이다. 까미노에서 처음 마주치는 일본인이다.

혼자 한 시간 남짓 걷다 보니 심심했던 차여서 나도 모르게 "오하이오 고자이마스!" 하고 인사가 나왔다. 여성은 뜻하지 않은 일본어 인사에 활짝 웃으며 반가워한다.

'아미'라는 예쁜 이름을 가진 이 여성에게서는 나이를 초월한 일본 여성 특유의 상냥함과 단아함이 느껴졌다.

다리가 불편한 건지 아니면 원래 걸음걸이가 느린 건지 모르지만 아미상은 천천히 걷고 있었다. 서로 이런저런 얘기를 나누며 20분가량 같이 걸어가고 있는데 아미상이 자신의 느린 걸음이 신경이 쓰였던지 나더러 먼저 가라고 한다.

산티아고 순례길 경험자들의 여행담 중에, 만나고 헤어지고를 반복하는 길 위의 인연에 연연하지 말고 각자의 보폭대로 걸으라는 내용을 읽은 적이 있다. 아미상의 느닷없는 요청에 잠시 머뭇거리다 론세스바예스에서 보자는 말을 남기고 앞서 걷기 시작했다.

'나는 괜찮으니 가는 데까지 좀 더 같이 걷자고 얘기하고 싶었는데….'

걷는 내내 찜찜한 마음이 든 탓인지 걸음이 빨라지고 있었다.

30분가량 걷다 보니 아르네기 마을에 도착했다. 쇼핑센터처럼 보이는 작은 건물로 사람들이 들어가는 모습이 보였다. 건물 안으로 들어오니 1층 한편에 푸드코트가 있다. 별로 시켜 먹을 만한 게 없어 주스와 핫도그를 주문하고 카톡을 켰다.

어제 하루 종일 연락이 두절되었던 탓에 아내는 수시로 문자를 보내 나의 이상 유무를 확인한다. 현재 위치와 무사히 잘 걷고 있다는 문자를 넣고 핫도그를 베어 물었다. 그러고 보니 제대로 음식다운 음식을 먹어본 기억이 살짝 가물가물하다. 핫도그를 먹고 막 일어서는데 문 쪽에서 아미 상이 들어온다.

겸연쩍음을 감추고 아무렇지도 않은 척 웃어 보이며 "부엔 까미노, 아미상" 하고 문밖으로 나섰다. 자기 보폭대로 걷는 까미노에서 미안해할 상황이 전혀 아닌데 뭔가 개운치 않은 이 느낌은 뭘까….

아미 상과는 잠깐 같이 걷는 동안 일본어와 영어를 섞어가며 많은 대화를 했다. 일본어를 어디서 배웠느냐는 질문에 내 나이 또래의 한국 호텔리어들은 일본어는 웬만큼 한다는 얘기며, 젊었을 때 일본 여성에 대한 로망이 있었다는 등 너스레를 떨었다. 아미 상은 아들이 카지노 회사에 다니는 덕분에 한국 호텔에 여러 번 묵은 적이 있다며 어느 호텔에 근무했었냐고 묻기도 했다.

내 까미노의 첫 길동무 아미 상. 그녀가 나더러 먼저 가라고 했을 때 뭐 급할 거 있냐며 천천히 함께 걸으며 중간중간 먹을 것도 나눠 먹고 걸었더라면 나는 좀 더 수월하게 피레네를 넘을 수 있었을 것이다.

07

발카를로스길이 쉽다고?

스페인의 나바라주 표시. 스페인 국가 표시가 없다

국도를 따라 걷다 보니 점점 순례자의 수가 늘어났다. 이 무렵 잠시 길동무가 되어 함께 걷고 있던 독일인 한스가 "헤이, 크리스! 저기 좀 봐!" 하며 도로 건너편 끝에 있는 큼직한 표지판을 가리킨다. 한스에 의하면 여기서부터는 스페인이라고 한다. 그런데 표지판에는 Naffaroa라고만 되어 있고 Espana 표기는 없다. 나중에 알게 된 내용이지만 여기서부터 시작되는 스페인의 나바라주와 프랑스 북부 일부 지역을 포함하여 바스크 지역이라고 한다. 바스크 지역은 독자 문화가 강해서 표지판이나 가게 간판에 바스크어가 병기되거나 아예 바스크어로만 표기되는 경우도 많다(Naffaroa는 Navarra

의 바스크어 표기이다).

프랑스와 스페인의 북쪽은 국경이 없는 셈이다.

도로를 따라 30여 분가량 더 걸어가니까 작은 마을이 나온다. 마을 입구에 아르단데히아ARDANDEGIA라고 표기된 제법 큰 레스토랑이 있어서 안으로 들어가 보니 앉을 자리가 없을 만큼 순례객들로 넘쳐났다. 일부 사람들은 밖에서 커피를 마시고 있었는데 밖에서 뭔가를 먹기엔 바람도 불고 딱히 배가 많이 고프지도 않고 해서 그냥 이곳을 패스하는 큰 실수를 저질렀다. 조금 더 가다 보면 먹을 만한 데가 또 나오겠거니 했던 나의 무지와 안일함의 대가를 또 한 번 톡톡하게 치를 일만 남았던 것이다.

아르단데히아 레스토랑을 지나 계속 걷다 보니 어느새 마을의 모습은 사라지고 도로를 따라 까미노 표시가 이어진다. 그러다 도로 옆 사잇길로 가라는 표지가 나왔다. 여기서부터는 산길로 접어드는 구간이었다. 낭패였다. 배도 고파오고 마실 물도 떨어져 가는데 지금 산길로 접어들면 어쩌란 말인가.

'아! 나란 놈은 도대체 어쩌자고 이토록 대책 없이 무식한 걸까.'

나폴레옹 루트에 비해 발카를로스길이 쉽다고 생각했던 건 커다란 착각이었다.

발카를로스길도 어차피 1,000미터 고도를 넘어야 했다. 완만한 국도를

레스토랑 아르단데히아

지나 중간지점부터 시작되는 산길은 마치 강원도의 어느 험한 산을 오르는 듯했다. 산길에 접어들고 한 시간 정도 지나자 급격한 체력 저하를 느끼며 한 발짝 내딛기가 힘든 어제와 같은 상황이 벌어졌다. 마침 등산로 옆으로 동굴 형태의 공간이 있어 그곳에 한동안 널브러져 있자니 두 사람이 이쪽으로 와서 자리 잡고 가져온 음식을 꺼내 먹는다. 스페인 아저씨들이다. 속으로 잠시 갈등하다 용기를 내어 "익스큐즈미" 하고 그들 쪽으로 다가가서 먹을 걸 좀 요청했더니 먹고 있던 치즈를 1cm 정도 두께로 썰어준다. 그러면서 론세스바예스까지 15km 남았으니 힘내서 걸으라며 "부엔 까미노" 하고 일어선다.

"그라시아스"를 연발하며 나도 저들의 뒤를 따라 다시 걷기 시작했다.

산길 15km를 걸어내기에 치즈 한 덩이는 턱없이 부족한 열량이었다. 채 한 시간도 못 가서 다시 몸이 방전되어 다리 아래 개울 옆에서 쉬면서 생수병에 물을 채우고 있는데 다리 위로 아미 상이 지나가는 게 보였다.

순간 나는 "아미 상!" 하고 하마터면 부를 뻔했다.

참으로 어처구니없는 상황이다. 자신의 걸음이 느리다고 나더러 먼저 가라 했는데, 먼저 가던 나는 이렇게 주저앉아 있고 저 여성은 꿋꿋이 잘도 걷고 있구나.

다시 걷다가 또다시 쉬기를 몇 차례 반복하던 중에 한국 여성분들을 만났다. 반갑게 몇 마디를 주고받다 혹시 초콜릿 남은 게 있는지 물어보니 초콜릿은 없고 사탕이 좀 있을 거라며 주섬주섬 사탕 몇 알을 챙겨주셨다.

정신없이 어적어적 사탕을 깨물어 먹으니 거짓말처럼 다리에 힘이 붙는다. 오르막이 한결 수월해졌다. 놀라웠다. 사탕 몇 알의 힘이 이렇게 크다니.

08

장미의 계곡 론세스바예스

론세스바예스 수도원에 도착했을 때는 오후 4시를 막 지나고 있었다. 생장에서부터 8시간이 걸렸다. 어제 실패한 것까지 치면 꼬박 이틀이 걸린 참으로 먼 27km의 여정이었다. 수도원 건물이 숲속 나무 사이로 보이기 시작했을 때 가슴이 뛰기 시작했고 이내 드러난 론세스바예스 수도원 알베르게의 모습을 보니 눈물이 핑 돌 정도로 반가웠다.

론세스바예스, 프랑스어로 장미의 계곡이란 뜻인 이 이름은 롤랑의 전설에서 유래하는데, 롤랑은 중세 프랑크왕국과 이슬람 세력이 충돌했을 당시 이 지역을 관할하던 프랑스 장군이었다. 그의 군대가 이슬람군의 기습을 받아 이바녜타(론세스바예스 계곡으로 내려오기 직전의 넓은 언덕)에서 전투를 치르다 계곡에서 전멸했는데 이후 프랑스군의 주검에서 장미가 피어올랐다고 해서 붙여진 이름이라고 한다. 동서양을 막론하고 영웅

론세스바예스 수도원 알베르게

을 기리기 위해 스토리를 입히는 건 비슷한 것 같다.

수도원 알베르게 로비에 들어서니 많은 사람들이 로비를 가득 채우고 있었다. 자원봉사자분에게 다가가서 무슨 일인지 물어보았더니 침대 배정이 끝나 입실을 못 하고 있는 대기자들이라고 한다. 어림잡아 100명은 될 것 같은 저 대기자들은 4시 이후 예약자가 안 나타날 경우를 위해 기다리고 있는 거라고 했다. 그러면서 나더러 예약했는지 물어본다.

'이게 무슨 소린가. 예약이라니, 순례자가 여행자인가. 순례자를 위한 숙소가 호텔처럼 예약을 해야 한다면 그게 호텔이지 무슨 순례자 숙소인가.'

수도원을 개조한 론세스바예스 알베르게는 183개의 침대를 갖춘 대형 숙소이다. 까미노길의 상징 같은 것이어서 이곳에서의 숙박은 너무도 당연하게 생각하고 있었다. 까미노 출발 전 어디에서도 론세스바예스에서 침대가 없어서 숙박을 못 했다는 얘기를 들어보지 못했다.

어이가 없기도 하고 화가 나기도 해서 자원봉사자분에게 목소리를 높였더니 알베르게 방침상 30%를 예약제로 운영하고 있다고 한다. 듣고 보니 상황이 이해가 간다. 오늘 나에게 사탕을 주신 분들도 여행사를 통해서 오신 분들이었다. 단체가 많아지니 30% 예약은 금방 차겠지. 어쨌든 꿈에 그리던 론세스바예스 수도원 알베르게 숙박은 물 건너갔다.

허탈하고 막막했지만 오늘 밤 잘 곳을 알아봐야 했다. 자원봉사자분에게 어떻게 하면 좋을지 물으니 여기서 3km 떨어진 부르게테 마을까지 가야 하는데 그 전에 여행안내센터로 가서 도움을 요청해보라고 한다. 이렇게 친절하신 분한테 따지듯이 언성을 높였던 내가 부끄럽고 죄송했다.

안내센터에는 두 명의 여성이 근무하고 있었는데, 이미 모든 상황을 알고 있는지 부르게테 마을에도 호텔 트윈룸 하나밖에 남지 않았다며 갈 거냐고 물어본다. 호텔 말고 알베르게는 없는지 물어보니 원래 부르게테 마을에는 알베르게는 없다고 한다. 그다지 친절하게 느껴지지 않는 말투이다. 예약을 부탁하고 수도원 알베르게 로비로 다시 오니 그사이 사람들이 많이 흩어지고 부르게테까지 택시를 타기 위해 기다리고 있는 사람들의 무리가 있었다. 그중에는 어제 생장에서 같은 알베르게에 묵었던 광주에서 오신 아주머니 한 분도 계셔서 반갑게 인사했다. 그 밖의 몇몇 한국 사람들과 일본 노인 한 분과도 인사했는데, 야마다 상이라고 하는 일본 노인은 몹시 지쳐 보여 주위 사람들한테 대신 양해를 구하며 먼저 택시 탈 수 있게 도와드렸다. 7인승 택시 한 대가 인근 마을을 오가며 사람들을 옮기고 있는 중이었다. 다시 돌아올 택시를 기다리고 있던 중에 누군가가 여행 안내센터가 있다는 얘기를 들었다며 나더러 같이 가서 숙박 예약 좀 도와달라고 한다. 사실 내가 조금 전에 그곳에서 호텔을 예약했는데 마지막 남은 방이라고 하더라. 가도 소용없을 거라 해도 사람들은 믿질 않는다. 할 수 없이 사람들을 인솔해서 안내센터로 들어가니 센터 여직원 둘이 거의 비명을 질러댄다.

"여기가 뭐 호텔 예약 센터니? 이렇게 떼로 오면 뭘 어떻게 하라는 거야. 방도 없다고 아까 말했잖아…."

할 수 없이 여성 두 명과 아이 한 명만이라도 예약이 안 되면 택시라도 좀 불러달라고 부탁하고 남자 셋은 3km 떨어진 부르게테 마을까지 터벅터벅 걷기 시작했다.

09

로이수 호텔

부르게테 마을 입구에 있는 로이수 호텔은 바스크 지방의 건물 형태가 대부분 그렇듯이 궁궐 느낌이 나는 아치형 입구를 한 4층 높이의 오래된 건물이다.

여기까지 오는 도중에 젊은 친구 한 명은 말없이 어디론가 사라지고 중년의 한국 남성 둘이 혹시 방이 있는지 알아보기 위해 호텔까지 같이 왔다. 한 사람은 키가 크고 마른 체형이고 또 한 사람은 까무잡잡한 피부에 강인해 보이는 인상이었다. 호텔 안으로 들어서니 프런트 없이 바로 식당 카운터가 있고 오른쪽으로 별도의 리셉션 공간을 만들어 활용하고 있었다. 풍채 좋은 스페인 여성이 데스크에 앉아서 전화통화를 하다 말고 찡끗 눈인사를 한다. 호텔 여주인 포스다. 론세스바예스 안내데스크에서 크리스 이름으로 예약했다고 하니 잠시 컴퓨터 모니터를 확인한 후 객실등록카드

로이수 호텔

를 내어준다. 조식 포함 30유로짜리 트윈실이다. 호텔치고 저렴하다. 더욱이 이렇게 방이 없는 상황에서 이 가격이면 굉장히 양심적으로 운영하는 호텔이라는 생각이 들었다.

여주인에게 혹시 빈방이 있는지 물어보니 역시나 만실이라고 한다. 대신 트윈룸이니 10유로만 더 내고 두 사람이 사용해도 된다고 한다.

두 분과 어떻게 할지 상의하니 불편하게 그럴 필요 없이 그냥 택시나 불러주면 알아서 가겠다고 한다. 호텔 여주인에게 두 분을 위해 택시를 좀 불러달라고 부탁하니 흔쾌히 "발레 발레(ok ok)" 한다. 그러고선 몇 군데에 전화를 걸어 빈방이 있는지까지 물어보는 눈치다. 잠시 후 택시가 도착했는데 보니까 아까 수도원 알베르게에서 순례자들을 실어 나르던 구레나룻 아저씨다(이 동네 택시는 우리나라 카니발처럼 생긴 승합차였다). 이 기사분이 이 지역 객실 상황은 제일 꿰뚫고 있을 것 같다는 생각이 든다

(꽤 수입이 짭짤할 것 같다는…).

연락처를 서로 주고받은 후 두 분을 배웅하고 객실로 올라왔다. 순례길을 함께할 수 있는 좋은 인연이 될 수도 있었는데 하는 아쉬운 마음이 들었다.

호텔 객실은 꽤 넓은 편이다. 천장이 높고 객실 내부에 나무 기둥과 돌 벽체가 그대로 드러나 있어서 산장 같은 느낌이다. 라디에이터로 난방을 하고 있어 약간 춥게 느껴졌다. 라디에이터 옆에 의자를 놓고 그 위에다 샤워할 때 손세탁한 빨래를 널었다. 대충 개인 볼일을 끝내고 나니 아직 저녁 시간까지는 시간이 좀 남았다. 우여곡절 끝에 무사히 피레네를 넘어 론세스바예스에 도착했고 원하던 알베르게는 아니지만 이렇게 호텔방에 투숙하게 되었다. 갑자기 무한한 해방감과 자유를 느끼며 침대에 벌러덩

로이수 호텔

드러누웠다.

오늘이 4월 25일, 집 떠난 지 불과 사흘밖에 안 지났는데 아주 오래된 것 같은 느낌이다. 생각하면 할수록 무모했다. 피레네산맥의 높이를 몰랐던 것도 아니고 산길을 여섯 시간 이상 걷는 것이 어떠하리라는 것쯤은 충분히 알았을 텐데도 나는 아무 생각이 없었다. 체력에 자신이 없으면 배낭을 먼저 보냈으면 될 일이었다.

그럼에도 어찌 되었든 무사히 여기까지 왔다. 너무나도 감사하다. 생각해보면 지난 3일 동안 참 많은 사람들로부터 도움을 받았다. 순례길을 다 걸을 때까지 나는 또 얼마나 많은 사람들로부터 도움을 받게 될까?

로이수 호텔 수프 (출처: Trip Advisor)

로이수 호텔의 순례자 정식은 훌륭했다. 론세스바예스 알베르게의 필그림 메뉴를 기대했던 나는 호텔 체크인 시 호텔 안주인이 순례자 정식 먹을 거냐고 물어볼 때 조심스럽게 론세스바예스에 비해 어떠냐고 되물었었다. 그때 안주인이 '그 정도는 가소롭지' 하는 듯한 표정에 은근히 기대가 되었던 터였다. 특히나 수프는 압권이었다. 그동안 방전되었던 내 몸이 스파크를 일으키며 흡입하고 있었다. 도가니에 볶은 야채와 파스타를 함께 넣고 푹 끓여 약간 걸쭉하면서도 도가니탕처럼 구수한 맛을 내면서 속을 확 풀어주었다.

내가 너무 정신없이 먹는 걸 보고 식당 매니저가 리필까지 해주었다. 메인 요리는 돼지고기 스튜가 나왔다. 토마토를 베이스로 약간 매우면서도 시큼한 맛이 나는 소스에 수육처럼 푹 삶은 살코기가 잘 어우러진 맛이다. 디저트로 스무디까지 먹고 나니 그야말로 배 속이 '풀'이다. 이렇게 배불리 먹은, 보양식 수준의 순례자 정식이 14유로이다. 몸이 많이 지쳐 있던 터라 만족도가 높기도 했을 테지만 이후에도 로이수 호텔만큼 만족감을 준 순례자 정식은 없었다.

10

한국 청년들

부르게테 마을의 꼬마 농부

호텔 직원이 가르쳐준 대로 호텔 뒤쪽으로 난 길로 접어드니 멀리 초원이 펼쳐져 보이는 쪽으로 산티아고 방향 표시가 그려져 있다. 이제부터는 이 화살표만 따라가면 된다고 생각하니 한결 마음이 편안하다. 마을을 벗어나는 지점에 꼬마 아이가 혼자 곡괭이질을 하고 있는 모습이 보였다. 추리닝 바지에 장화까지 갖춰 신은 전형적인 시골 농부의 모습이다.

초원 옆으로 끝없이 평탄한 시골길이 이어진다. 비구름이 군데군데 뭉

부르게떼 마을의 목초지

쳐져 푸른 목초지 바로 위에까지 내려와 있고 풀을 뜯고 있는 말들의 고갯짓에 따라 목에 매단 방울에서 딸랑딸랑하는 소리가 끊임없이 들린다.

초원을 벗어나서 작은 개울을 지나니 오르막 숲길이 나오고 어느새 길에는 순례자들이 많이 늘었다. 비가 와서 그런지 다들 걸음들이 빠르다. 지나치는 사람들은 으레 '부엔 까미노' 하고는 그만이다. 마땅히 말을 걸 만한 사람도 없어서 혼자 추적추적 빗길을 걷다 보니 야트막한 언덕을 지나고 다시 작은 마을이 나타난다. 부르게테 다음 마을인 에스피날 마을이다.

마을로 이어지는 길목 한쪽에 여러 명이 서서 웅성거리고 있어서 다가가서 보니 한국 청년들이다. 무리 중에 유난히 키 큰 친구와 눈이 마주치자 내가 "여기에서 왜들 이러고 있나요?" 하고 물어보니 키 큰 청년은

"아… 안녕하세요, 저희 오늘 숙박 땜에 여기서 의견들 모으고 있는 중

입니다. 다음 마을인 수비리에 오늘 방이 없다고 해서요…"라고 한다. 긴 머리에 하얀 얼굴을 한 아이돌 같은 느낌의 청년이다. 다음 마을인 수비리까지는 여기서 15km를 더 가야 하는데 만약 그곳에 오늘 방이 없다면 그다음 마을까지 4km 더 걸어가야 한다. 빗길에 여간 고생스러운 일이 아니다.

청년과 얘기하고 있는데 일행 중 한 명이 내게로 다가오며 "안녕하세요?" 하고 알은체를 해서 자세히 보니 어제 여행안내소에서 함께 이동하다 중간에 사라졌던 그 젊은 친구였다.

"야아, 여기서 이렇게 보게 되네… 어떻게 된 거야? 어제 오다 보니 안 보이던데…." 나도 그를 알아보고 반갑기도 하고 궁금하기도 해서 되물었다.

옆에 있던 키 큰 청년이 "엇, 형님 아시는 분이세요?" 하고 신기하다는 듯 큰 눈을 껌뻑거린다.

어제 중도에 사라졌던 친구의 이름은 광호라 했고, 키 크고 말쑥한 청년은 영진이라고 했다. 광호는 어제 여행안내소에서 부르게테 마을로 걸어오던 중에 호스텔을 발견하고 혹시나 해서 들어가 봤더니 객실이 있었다고 했다. 지금 함께 있는 이 친구들은 어제 그 호스텔에서 만난 친구들이라고 한다.

"그랬었구나! 그것도 모르고 우리는 걱정했었네."

하는 나의 혼잣말에 그제야 어제 일이 생각이 났던지 광호는,

"함께 갔던 두 분은 호텔에 같이 투숙하지 않으셨어요?" 하고 물어온다.

"응, 호텔에도 방이 없어서 택시를 불러 다음 마을로 타고 갔어. 카톡 아

이디는 서로 주고받았는데 별다른 연락은 없네…" 하고선 슬며시 옆에 있는 젊은 친구들한테 시선을 옮겼다.

내 시선이 똥똥하고 야무지게 생긴 청년에게 가자 청년은 경상도 억양으로 "안녕하세요?" 하고 인사를 한다. 마산에서 온 승엽이란 친구였다. 이들 외에도 무리 중에는 남자 한 명과 여자 두 명이 더 있었다.

광호는 론세스바예스 여행안내소에서 봤을 때의 모습과는 다르게 가까이서 보니 나이가 꽤 들어 보여 나이를 물어보니 올해 마흔이 되었다고 한다. 그러고 보니 말투나 일행들을 대하는 태도에서 다른 젊은 친구들과 확연히 차이가 난다. 속으로 약간 뜨끔하며 내가 너무 이 친구를 어리게 보고 처음부터 반말을 쓴 게 아닌가 하는 생각이 들었다. 함께 있는 청년들이 하나같이 이 친구를 '형님 형님' 하면서 따르는 모습도 신기하다. 어제 처음 만난 사이들 치고는 친밀감의 밀도가 높아 보였다. 광호와 좀 더 얘기를 나누고 보니 그제야 그 친밀감의 원인을 알 것 같았다. 광호는 대안학교를 운영하고 있다고 한다. 중 · 고등학생 또래의 친구들과 매일 생활하다 보니 자연스럽게 어린 친구들과 친해지는 노하우가 습득이 된 듯하다. 옆에서 지켜보니 청년들과 이런저런 얘기를 계속 주고받으며 주도적으로 모든 걸 챙기고 있었다.

일행들과 함께 에스피날 마을 안쪽으로 걸어가다 보니 아이세아 호스텔 Hostal Haizea이 나왔다. 건물 스타일은 바스크 지방의 전통양식인데 최근에 지어진 듯 깨끗하다. 'Bar' 표시가 걸려 있는 걸 어느새 보았는지 일행의 대장 격인 광호가 여기서 좀 쉬었다 가자 한다. 안으로 들어와서 보니 근사한 통나무집 레스토랑 분위기이다. 얼핏 옛날에 유행했던 우리나라 호프집 느낌도 난다. 맥주 한잔씩들 시켜놓고 뭐가 좋은지 깔깔대는 청년들을 보며 저들에게는 이 산티아고길이 유쾌한 소풍 길일 수도 있겠다는 생각이 든다.

같은 테이블에 앉은 친구들과 이런저런 얘기를 하던 중 갑자기 영진이가 스마트폰으로 예약했다는 생각이 떠올라 내 스마트폰의 유심이 작동 안 한다고 좀 봐달라고 부탁했다. 스마트폰을 껐다 켰다 여기저기 페이지를 넘겨가며 한참을 살펴보던 영진이가

"선생님, 이거 설정 변경을 안 하셨네요. 이제 됐습니다!" 한다.

"오 마이 갓! 이럴 수가…."

11

에스피날 아이세아 호스텔

광호 일행은 인근 아파트에 예약을 해서 청년들과 떠나고 나는 이곳 아이세아 호스텔 도미토리룸으로 입실했다(12유로).

도미토리룸은 3층에 있었는데 지붕을 떠받치고 있는 나무기둥이 그대로 노출되어 있어서 다락방 느낌이 나는 공간에 2층 침대를 포함해서 12개의 침대가 놓여 있었다. 일찍 체크인 한 덕분에 아직 대부분의 침대가 비어 있던 터라 룸의 가운데 채광이 좋은 1층 침대에 배낭을 풀었다. 아이세아 호스텔은 샤워실과 화장실을 포함한 전반적인 시설들이 깔끔했고, 특히 와이파이가 가능한 공용공간에 소파가 넉넉하게 비치되어 있어서 스마트폰으로 시간 보내기에 좋았다.

오랜만에 아내와 길게 통화하며 그간의 고생담을 늘어놓았더니 눈물을 글썽이며 무리하지 말라고 신신당부한다. 전화통화를 마치고 휴게실에서

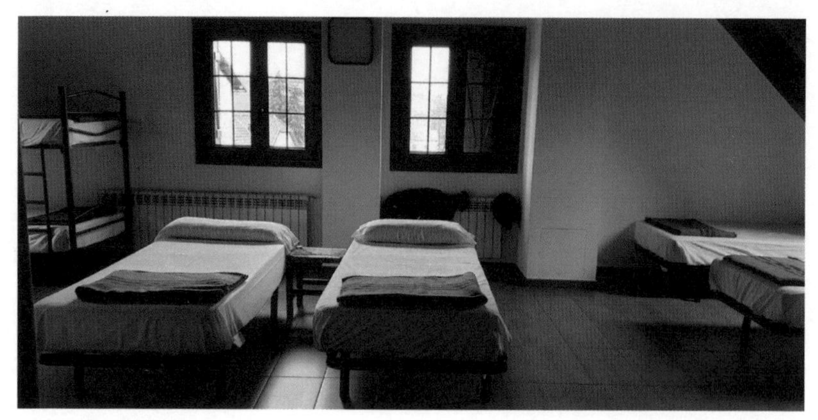

아이세아 호스텔 도미토리룸

빈둥거리며 시간을 보내고 있는데 5시쯤 되자 갑자기 사람들이 들이닥친다. 대부분이 70대 노인들이다. 개중에는 아직도 추위에 몸을 떠시는 분들도 보인다. 어제와 마찬가지로 론세스바예스 수도원에 침대가 모두 차서 이곳까지 이동한 사람들이다. 택시가 이어 두세 차례 더 왔다 가더니 한 시간도 안 되어 호텔 전체가 사람들로 북적였다.

8시가 되어 기다리던 순례자 정식을 먹기 위해 1층으로 내려왔다. 낮에는 보지 못했던 꽤 큰 연회공간이 1층 바 맞은편에 있었다. 어림잡아도 50명은 넘어 보이는 인원이 연회용 테이블에 나누어 앉았다. 나는 10인석의 원탁으로 안내되었다. 원탁에는 노인분들이 앉아 있었는데, 다들 일행인지 알아들을 수 없는 독일어로 떠들며 웃어대고 있었다.

인사를 하고 자리에 앉으니까 한 자리 건너에 앉은 70을 한참 넘어 보이는 노인이 "꼬레아" 한다. 자신은 산티아고 순례를 수도 없이 왔는데 올 때마다 많은 한국인들을 봤다며 꼬레아 최고라고 엄지척을 한다. 그러자 너도나도 거들며 자신들이 아는 한국에 대해 한마디씩 한다. 최근 로켓맨으로 세계인들의 주목을 받는 크레이지 가이(북한 지도자를 이들은 이렇게 불렀다)에 대한 언급 역시 빠지지 않는다. 졸지에 내가 중심인물이 된 듯하다. 어딜 가나 희소성은 위력을 발휘하는 모양이다. 어쨌든 기분은 좋다.

아이세아 호스텔 순례자 정식 1코스는 샐러드가 나왔다. 오늘은 별로 걷지 않아 뜨끈한 수프가 딱히 당기지도 않았던 터라 오히려 잘됐다 하고 맛있게 먹었다. 메인은 돼지고기 소금구이에 감자튀김이 나왔는데(이 조합이 썩 이상적이지는 않아 보였는데 스페인에서는 보편적인 듯하다) 소금구이가 별다른 양념이 없음에도 돼지 냄새가 나지 않는 게 신기했다.

가만, 다들 테이블 위의 큰 음식 접시에서 자신의 접시에 음식을 들어서 먹는데 아까 내게 엄지척했던 분에게는 별도의 음식 접시가 제공되었다. 내가 쳐다보자 엄지척 할아버지는 만면에 미소를 띠며 동물은 친구이기 때문에 고기를 안 먹는다고 한다. 고기 안 먹고 걷기 힘들지 않으시냐는 나의 물음에 지금 먹은 음식이 콩으로 만든 건데 이걸로도 충분하다고 한다. 그러면서 "크리스, 너도 이걸로 바꿔봐"라고 능청스럽게 말씀하신다. 왠지 정이 가는 할아버지다.

뒤에서 유달리 큰 웃음과 약간 오버 톤의 영어 대화가 들린다. 슬쩍 뒤를 돌아보니 예상대로 우리나라 젊은 여성이다. 혼자 외국인들(주로 할머니들) 틈에 앉아 있는 걸 보니 일행이 없나 보다. 이쪽저쪽 외국 노인들 틈에서 중년의 한국 남자와 젊은 여성이 각자의 테이블에서 한국을 알리고 있다. 외교가 뭐 별건가….

Part

2

세상에서 가장 아름다운 까미노

01

성당의 종소리가 울리는 길

에스피날-비스카렛-수비리-비야바 31.1km

오늘 목적지인 비야바까지는 31.1km 거리이다. 순례길 시작 이후 가장 많이 걷는다. 다행히 오늘은 날씨도 걷기에 좋을 것 같다. 한국 청년들과 약속한 7시에 맞춰 숙소를 나왔는데 아직 도착한 친구들이 없다.

조금 있으니 영진이한테서 카톡이 왔다. 출발이 늦어져서 내가 먼저 출발하면 곧 따라가겠다고 한다.

그래, 어차피 너희들의 걸음이 나보단 빠를 테니까 피차 그게 낫겠다. 오히려 홀가분한 마음으로 혼자 길을 나선다.

아직 새벽 여명이 가시지 않은 에스피날 마을은 마치 사람들이 살지 않는 것처럼 지나가는 차 한 대 없이 고요하기만 하다. 어제 하루 푹 쉬어서 기운도 회복되고 길도 평탄해서 이제야 좀 걷는 기분이 난다.

에스피날 마을

마을을 벗어나자 다시 초원이 나오고 화살표가 점점 산 쪽으로 향하더니 숲길로 접어든다. 유명한 이라티 숲이다. 이끼 낀 나무의 표면이 희끗희끗한 게 오랜 세월 동안 사람의 손길이 닿지 않은 자연림 그대로이다. 평화로운 새소리를 들으며 이른 아침시간에 이라티 숲을 걷고 있노라니 영성이 느껴진다. 나 같은 평범한 사람이 누리기에는 송구하다는 생각이 들 정도였다. 또 저 새들은 어떻게 하나같이 저렇게 예쁘게 지저귈 수 있는 걸까?

숲길을 벗어나니 다시 도로가 나오고 멀찍이 작은 시골 마을에서 성당의 종소리가 들려온다. 마을 모습만큼이나 종소리가 소박하다. 평화스러운 이 마을의 이름은 비스카렛이라 했다. 예전에는 마을의 규모가 제법 컸는데 론세스바예스 인근에 숙박시설이 발달하면서 마을의 규모가 많이 줄어

영성이 느껴지는 이라티 숲의 아침

비스카렛 마을

들었다 한다. 순례자 사무국에서 받은 알베르게 정보 시트에도 마을 이름이 올라와 있지 않다.

순례길은 또다시 산으로 이어지고 제법 가파른 고갯길을 지나니 마을이 보인다. 수비리 마을이다. 고갯길에서부터 같이 오던 이탈리아 순례객 두 명과 함께 마을 입구에 있는 카페에 들어갔다. 이탈리아 친구들이 오늘 팜플로나에서 비행기를 타야 한다며 커피만 한잔하고 막 떠나고 나니 한국 청년들이 들어온다.

영진이와 승엽이 그리고 여자 친구들 두 명이다. 다른 사람들은 광호와 함께 오고 있다고 했다. 따로 약속을 하지 않았는데도 때가 되니 자연스레 모여지는 것이 신기하기도 하고 재미있기도 하다.

다시 길을 나서는데 수비리 마을 성당에서 11시를 알리는 종이 울린다. 종소리가 이전의 비스카렛 마을 종소리에 비해 좀 빠른 듯 날카로운 느낌이다. 우리나라에서는 들을 수 없는 종소리가 여기에서는 매 시간마다 들

수비리 마을 입구

린다. 마을마다 종소리가 다른 것도 흥미롭다.

수비리를 벗어나니 푸르른 대자연 속에 숲과 개울이 나오고 상당히 큰 규모의 자연공원이 나타났다. 듬성듬성 놓여 있는 테이블에 가족들이 둘러 앉아 음식을 먹고 있는 모습이 보인다. 그러고 보니 오늘이 토요일이구나.

월요일 집을 나오고 처음 맞는 토요일이다. 아내 생각이 난다.

예상치 못한 남편의 퇴직에도 담담하게, 그간 고생했으니 이제부터 하고 싶은 거 하며 살라고 말하는 사람이다. 생장에서 피레네 첫날 등반 실패 후 잠에 취해 하루 반나절 연락이 두절된 사이 엄청 울었던 모양이었다. 뒤에 알게 된 내용이지만 이날 아내는 꿈을 꾸었다고 했다. 꿈에 이빨이 몽땅 빠지고 앞니 하나가 달랑 남아 흔들리는데 혓바닥으로 기를 쓰고 받치고 있다 깨었다 한다. 흉몽이었던 거다.

아들한테서도 엄마가 많이 걱정했다며 앞으로는 연락 끊기지 않게 조심하라는 경고성(?) 문자까지 받았을 정도였으니.

언제나 내게 힘이 되는 가족이 있어 감사하다. 퇴직 후 집에만 있는 아빠로 인해 저들도 힘들었으리라. 이 순례길을 걷고 나면 내 인생에 어떤 변화가 찾아올까. 정말 기적 같은 일이 일어났으면 좋겠다. 55세, 이대로 그냥 늙어가기엔 너무 억울하다.

숲길과 들길이 번갈아 이어지고 수비리 지나 10km 이상 걸어오는 동안은 길동무가 없다. 론세스바예스에서 그 많던 순례자들은 다 어디로 간 것일까?

구글맵을 키고 아트라비아 알베르게까지 거리를 확인해보니 3.1km라고 뜬다. 시간은 벌써 3시가 가까워 오고 있다. 하루에 30km 이상 걷는다는 게 보통 일은 아니구나 하는 생각이 든다. 발꿈치도 아프고 오후 접어들면서 구름이 걷히며 햇살도 강해지고 있다.

슬슬 지쳐갈 즈음 뒤에서 "선생님, 걸음 빠르시네요" 하면서 영진이와 승엽이가 다가왔다.

"뭐야 너희들, 언제부터 따라왔어?"

반가움과 서운함이 묻어 있는 볼멘소리가 나온다. 중간중간 쉬면서 기다렸는데 청년들이 보이지 않아 궁금하던 차였다. 일행들이 천천히 오는 바람에 둘이 앞서 걷고 있는 중이란다.

"야, 그리고 너네 그 선생님 소리 안 하면 안 되겠니? 그냥 큰 형님이라고 해라."

친해지고 싶은 마음에 툭 내뱉었다.

아이돌 삘이 나는 영진이는 올해 졸업한 취준생이라 한다. 문과 충이라서 취직이 생각보다 쉽지 않은 모양이다. 승엽이는 대학원 재학 중인데 올해 아홉수라 휴학하고 왔다고 한다.

그렇구나. 그러하구나. 너희 이십 대들아,

그리하여 너희가 이 먼 땅을 누비고 있구나!

산티아고길을 걷고 있는 대한민국의 이십 대와 오십 대,

정도의 차이는 있겠지만, 같은 고민이 있기에 우리는 길을 나섰을 것이다.

구할 수 없는 해답이라도 찾을 양으로.

많은 사람들이 이 길을 걷고 삶이 변화되었다 하니 내 인생도 한번 변화시켜 달라고,

그렇게 우리는 한 걸음 내디딜 때마다 기도하기 위해 이 길을 온 것일게다.

02 ——

아트라비아 알베르게

수비리 마을 입구처럼 비야바 입구도 개천이 있어 다리를 건넌다. 스페인 마을의 다리들은 기본이 수백 년 된 돌다리들이다. 중세 느낌이 물씬 나는 다리 뒤로 비야바 마을이 운치 있게 드러난다.

아트라비아 알베르게는 다리를 건너니 왼쪽으로 바로 보였다. 비야바는 팜플로나 길목에 있는 작은 도시들 중의 하나인데 약간 큰 마을 정도라고 보면 될 듯하다. 마을 입구의 개울이 가까이 와서 보니까 꽤 크고 물살도 제법 세다. 비야바, 꽤 느낌 있는 마을이다.

아트라비아는 이름 외우기가 쉽다. 친근한 이 이름은 비야바의 바스크어 표기라고 한다. 아트라비아 알베르게는 뮤니시플 알베르게치고는 가격이 좀 비싼 편인 13.5유로다. 기본으로 제공되는 조식도 일절 없다. 객실 수가 많다 보니 프런트를 제대로 갖추고 있다. 프런트 여직원도 친절하고

비야바 마을 입구

완벽한 영어를 구사한다. 산티아고길을 준비하는 한 달간 유튜브로 기초 스페인어를 익힌다고 익혔는데 '포르파브르, 우노'만 입에 붙는 정도라 영어가 능통한 직원을 만나면 반갑다. 나중에 도착할 일행들과 같은 룸으로 배정을 요청하고 객실로 올라가니 이층 침대가 열 개 정도 놓인 작은 방이다. 침대가 다 찰 경우 20명이 자기에는 공간이 좁다. 얼핏 다른 룸도 보니 고만고만하다. 제발 오늘 밤에 코골러가 없기를….

빨래를 끝내고 마트를 가기 위해 밖으로 나오니 바로 동네 공원이다. 스페인에 와서 동네 공원을 보는 것도 처음이고 많은 아이들이 뛰어노는 모습을 보는 것도 처음이다. 엄청 활기차게 뛰어논다. 시에스타가 끝난 시간이라 이제부터 여기는 주말이 시작되는 셈이다. 지나가는 학생에게 대충 마트 위치를 물어보기 위해 "수페르마르케트" 하니까 못 알아듣는다. 상점이란 단어를 알았는데 생각이 안 난다. 찾아보기 귀찮고 해서 그냥 지도 방향을 따라가면서 지나가는 청년에게 다시, 그리고 이번엔 좀 천천히 "뻬르돈, 돈데 수우페르마르케트" 하니 "아, 메르카도" 한다. 맞다 메르카도, 마켓의 스페인어. 그래 대충 두드려 맞히면 되는 거야. 천천히 발음하는 게 중요해!

숙소로 돌아오니 그사이 나머지 한국 친구들이 도착해서 도미토리룸은 시끌시끌했다.

저녁은 청년들과 같이 옆 건물 1층 레스토랑에서 순례자 정식으로 해결했다. 12유로에 에스피날에서 먹은 것과 같은 돼지 소금구이에 포테이토가 나오는 메인이었는데 맛은 그저 그랬다. 오늘 좀 많이 걸어서 제대로 된 수프를 먹고 싶었지만 별로 잘할 것 같지 않아 안전한 샐러드로 주문했다. 나쁘지 않은 선택이었던 것 같다.

스페인의 4월은 밤 9시가 넘어서야 어두워지기 시작한다. 땅거미가 지기 시작하는 토요일 저녁 비야바 마을은 마치 여름밤 시골 논두렁의 개구리들이 합창하듯 온통 사람들 목소리로 시끄러웠다. 우리도 이 틈에 끼어 캔 맥주를 마시며 조잘대고 있었다. '비야바 아트라비아 알베르게'의 저녁은 이름만큼이나 즐거운 시간이었다.

03

용서의 언덕 그 너머에는

비야바-팜플로나-푸엔테 라 레이나 28.5km

어제 모처럼 많이 걸었던 탓에 아침에 일어나니 다리가 뻐근하다. 오늘 목적지인 푸엔테 라 레이나까지는 28.5km를 걷는다. 어제보다는 거리상으로는 약간 짧지만 페르돈 언덕을 넘어야 하는 약간의 난이도가 있는 일정이다. 한국 청년들과 7시에 알베르게 앞에서 모여 간단하게 몸을 풀고 함께 출발하였다. 어제는 토요일이어서 그랬는지 밤12시가 넘도록 시끄러웠던 동네가 언제 그랬냐는 듯 고요하다.

팜플로나 시내의 아침 거리

팜플로나 시내에 접어드니 넓은 도시가 텅 빈 것 같다. 어제 밤 늦게까지 많은 사람들로 북적였을 걸 감안하면 도시가 너무 깨끗

팜플로나 성벽

하다고 생각했는데 그 이유가 도시의 곳곳에 놓인 쓰레기 컨테이너 덕분이라는 걸 곧 알게 되었다. 거리에 청소부의 모습은 눈에 띄지 않는다. 대신 트럭이 와서 쓰레기 컨테이너를 들어 올려 쓰레기를 비우고 다시 그 자리에 놓는다. 아침마다 산더미처럼 쌓인 강남도로의 쓰레기와 전쟁을 치르는 우리나라 상황과 많이 대비되어 씁쓸하다.

팜플로나는 역사가 오래된 만큼 가볼 만한 곳이 많고 다양한 축제도 개최되는 도시인 만큼 시기를 잘 맞춰 하루 이틀 머물러도 좋을 듯하다. 이렇게 잠들어 있는 도시의 아침을 휑하니 지나가는 것이 못내 아쉬웠지만 "다음에 가족여행으로 다시 오면 되지 뭐" 하고 스스로 위로하며 유서 깊은 팜플로나의 도심을 터벅터벅 걷고 있었다.

이런저런 생각을 하며 한참을 걷고 있는데 "Hey, Chris!" 하고 마이클이 다가서고 있다. 나도 반갑게 "헤~이" 하고 보니 옆에 함께 걷고 있는 여성이 있다. 같은 이십 대로 보이는 여성은 캐나다에서 온 제니퍼라고 자신을 소개했다. 마이클과는 어제 팜플로나 숙소에서 만나 아침에 함께 출발했다고 한다. 차분한 목소리와 약간 수줍은 듯한 모습이 왠지 한국계 같은 느낌이 드는 아가씨다. 마이클 이 녀석 은근히 능력 있네….

마이클이 두어 발짝 앞서 걷고 있는 영진과 승엽을 가리키며 일행이냐고 묻기에 인사라도 시킬 양으로 두 사람을 부르려고 하니 "See you Chris!" 하고선 그냥 내뺀다.

내 딴엔 반가워서 좀 더 같이 걸으며 얘기하고 싶었는데 마이클 입장에선 좀 부담스러웠나 보다. 하긴, 어제 처음 만난 제니퍼 때문이라도 부담스럽긴 했을 것이다.

페르돈 언덕 가는 길

'그렇다고 그렇게 내빼듯이 갈 필요는 없잖아!'

도심을 벗어나니 푸른 초원이 나타난다. 멀리 보이는 산이 페르돈 언덕이다. 푸른 초원을 가로질러 페르돈 언덕으로 이어지는 길이 아득하다. 까미노를 걷고 있는 내 모습을 담아볼 생각에 앞서 걷고 있던 영진이를 세워 사진을 부탁했다. 우리나라 젊은 친구들이 스마트폰 사진은 잘 찍는다. 자기가 찍고도 흡족했던지 "선생님, 잘 나왔는데요" 한다. 함께 걷고 있는 승엽이도 인생 샷 남기겠다며 폰을 들이민다. 초록의 대지와 푸른 하늘 사이에는 길을 걷는 순례자들이 있을 뿐이다. 페르돈 언덕을 향하는 멋진 이 까미노에서 서로 사진을 찍어주며 이십 대와 오십 대는 친구가 되었다.

페르돈 언덕은 첫날 피레네에서 불어오던 바람에는 한참 못 미치기는 하지만 바람이 꽤 세게 불었다. 멀리 팜플로나까지 펼쳐진 넓은 평지에서 처음으로 우뚝 솟아 있는 곳이다 보니 언덕 위의 풍력발전기들이 큰 날개들을 윙윙거리며 돌아간다. 페르돈이란 이름은 이 자리에 13세기까지 '용서의 성모님 병원Hospital de Nuestra Señora del Perdón'이 있었던 데에서 유래한다고 한다. 사람들은 페르돈 언덕의 상징인 순례자들의 모습을 시대별로 형상화한 철제 작품을 배경 삼아 기념 샷을 서로 찍어주며 환하게 웃고 있다. 피레네 이후 뭔가 하나 해냈다는 만족감이 배어 있는 웃음이리라.

페르돈 언덕 철제 조각상. 시대별로 순례자들의 모습을 보여주고 있다

페르돈 언덕 너머의 자갈길

페르돈 언덕을 지나서부터는 내리막길이었다. 무수히 많은 자갈들로 가득 채워진 이 내리막길에서 결국 나는 나의 소중한 다리 하나를 망가뜨리

게 된다. 생장에서 두 번째로 구입한 스틱 얘기다. 수 킬로미터를 내려오는 중에 나의 관절을 지켜주었던 스틱이 체중과 배낭 무게를 견디지 못하고 조임새 부분이 망가져 버렸다.

용서의 언덕 그 너머에는 용서할 수 없는 자갈길이 기다리고 있었던 것이다.

내리막길이 끝나는 지점부터는 다시 평탄한 길이 이어진다. 길옆으로 노란 유채 꽃밭이 펼쳐진 것이 제주도 같기도 하고 색깔만 다른 평창의 메밀밭 같기도 하다.

청년들은 내리막길에서 앞서간 후부터 모습이 보이지 않는다.

04

푸엔테 알베르게

오후의 따가운 햇살 아래 슬슬 지쳐가는 몸을 이끌고 푸엔테 알베르게에 도착했을 때는 이미 3시를 가리키고 있었다. 그런데 먼저 와 있을 줄 알았던 청년들이 안 보인다. 카톡을 보니 영진으로부터 문자가 와 있었다. 내용인즉, 저렴한 알베르게를 발견해서 그곳에 묵으려고 하니 푸엔테 알베르게 예약은 취소해달라는 거였다.

낭패다, 동영상 촬영 때문에 카톡 알림을 꺼놓았던 게 문제였다. 그래도 그렇지 내가 문자 확인을 못 한 상황을 알고 있을 텐데 자기들이 직접 취소를 하든지 하지 이제 와서 나더러 어쩌란 말인가. 접수 데스크로 가니 주인장으로 보이는 깡마른 스페인 남자가 전화 수화기에다 대고 뭔가 열심히 떠들어대다 내가 다가가자 전화를 끊고 예약 여부를 묻는다. 크리스 이름으로 침대 세 개 예약했다고 하자 호들갑스럽게 웃으며 등록카드를 내어준다. 등록하기 전에 일행이 못 오게 된 상황을 설명하며 침대 두 개는 취소하면 안 되겠냐고 하니 주인장은 얼굴에 웃음기를 거두며 단호하게 "NO"라고 한다. 하긴, 3시 반에 나타나서 취소해달라고 하는 건 호텔리어 출신인 내가 생각해도 무리한 요구가 맞다. 주인장은 그러면서 나더러 침대 3개 값을 지불하고 다른 사람한테 팔든지 알아서 하라고 한다. 졸지에 26유로가 날아갈 판이다. 영진이한테 문자로 상황을 얘기하니 대신 묵을 사람을 알아보고 안 되면 자기들이 여기로 오겠다 한다.

이러지도 저러지도 못하고 알베르게 현관에서 멀뚱히 서 있는 동안 한국인들이 여럿 입실을 한다. 발카를로스길에서 사탕을 주셨던 아주머니들과 반갑게 인사하고 나니 이어 생장에서 같은 알베르게에 묵었던 광주 아주머니가 예의 그 씩씩한 발걸음으로 입실했다. 광주 아주머니는 150cm 정도밖에 안 되어 보이는 작은 체구에 고추장과 밑반찬까지 들어 있는 본인 체구만 한 배낭을 지고 피레네를 넘어온 대단한 분이다. 그런데 더 대단한 건 60 가까운 나이에 영어 한마디 못 하면서도 혼자서 스페인까지 와서 순례를 하고 있다는 사실 그 자체이다. 하지만 아주머니 눈에 띄면 좀 피곤하다는 게 함정이다. 시도 때도 없이 "저기, 이것이 뭐라디요?" "이런 것은 어떻게 한다요?" 하고 끊임없이 물어오기 때문이다.

한 시간 넘게 숙소 입구에서 그러고 있는데 마침내 영진과 승엽이 나타났다. 대신 묵을 사람을 찾지 못해 입실했던 알베르게의 숙박비 6유로씩을 포기하고 온 거였다.

푸엔테 라 레이나 산티아고 성당 내부

영진과 승엽이 포기한 알베르게 비용을 보상해주는 차원에서 내가 저녁을 사기로 하고 숙소 도로변 바에 가서 몇 가지 음식을 시켜 먹고 있는데 광주 아주머니가 이쪽으로 와서 합석했다. 늦은 오후 도심은 일요일이어서 그런지 도로는 한산하고 도로변 야외 테이블에는 사람들이 점점 몰려든다. 아직 저물지 않은 따사로운 태양 아래 좋은 사람들과 함께 푸엔테 라 레이나의 저녁이 행복하게 무르익고 있었다.

저녁 8시에는 일행들과 함께 숙소 인근에 있는 푸엔테 라 레이나 산티아고성당으로 가서 예배를 드렸다. 성당 정문의 아치형

푸엔테 라레이나 산티아고 성당 입구

건축과 조각물 그리고 성당 내부 제단이 화려한 성당이다.

성당 예배는 처음인 데다 스페인어로 진행되는지라 옆 사람 따라 하기에 바쁜 와중에서도 분명하게 들리는 소리가 있다. '예수 그리스도.' 아, 그랬구나. 예수 그리스도가 이곳 발음이었구나. '지저스 크라이스트' 할 때는 느낄 수 없는 그 무엇, 은혜롭다.

* 푸엔테 알베르게 조식 포함 13유로. 조식은 식빵, 우유, 콘플레이크

05 —

세상에서 가장 아름다운 까미노

푸엔테 라 레이나-시라우키-로르카-비야투에레타-에스테야 22.4km

어제 푸엔테 알베르게에는 한국 단체객들이 많이 투숙했던 탓에 아침에 출발하려고 보니 로비가 한국인들로 북적인다. 일정이 거의 비슷하게 가는 걸 보니 아무래도 이분들과는 앞으로 자주 보게 될 거 같다.

숙소를 나와 대로변을 따라 걸어가다 보니 이 도시의 상징인 왕비의 다리Puente de Puente la Reina를 지난다. 11세기경 나바라왕국의 왕비가 지었다는 이 다리는 이름만큼이나 아름다운 모습이다.

도심을 벗어나니 평탄한 길이 끝없이 이어진다. 길옆으로는 빨간 양귀비꽃이 듬성듬성 피어 있고 중간중간 야트막한 구릉을 오르락내리락하기를 반복한다. 파란 하늘에는 오늘따라 구름도 없어서 때 이른 태양의 열기가 서서히 느껴지기 시작한다. 한국 청년들은 앞서가고 나는 도중에 사진과 동영상을 찍으며 혼자 걷고 있다. 혼자 걸을 때는 길에 집중할 수 있어

왕비의 다리 푸엔테 라 레이나

서 좋다.

오늘은 까미노 6일째, 에스테야까지 22.4km를 걷는다. 어제 페르돈 언덕을 넘어오는 자갈길에서 몸에 무리가 갔는지 왼쪽 골반이 시큰거려 걷기가 좀 불편하다.

오늘은 누구를 만나게 될까? 그리고 어떤 일이 일어날까? 이제쯤은 나에게 이 길을 걷게 하신 이유를 알게 하시지 않을까? 혹시 기적을, 누군가를 만나 그와 멋진 사업을 함께 벌이게 되는 소설 같은 그런 기적을 만들어주시지는 않을까?

이런저런 생각과 망상을 오가며 걷고 있는데 앞에서 손을 잡고 가는 커

두 손을 꼭 잡고 걷는 노부부 순례자

노부부와 함께

플의 모습이 보인다. 한눈에 봐도 나이가 드신 분들이다. 내 몸 하나 가누기도 힘든 길을 나이 드신 분들이 아까부터 손을 꼭 잡고 걷고 있다. 세상에서 가장 아름다운 부부의 모습을 보는 듯하다. 가까이 다가서며 "올라, 부엔 까미노" 하고 인사를 건넸더니 "올라" 하고 인사하는데 보니 팔십 줄은 되어 보이는 노부부였다. 모자에 부착된 브라질 국기가 눈에 들어온다. 영어로 두 분 너무 멋지다며 엄지척을 하니 따라서 엄지척을 하며 "부엔 까미노" 한다. 부부가 함께 까미노를 걷는 경우를 가끔 보기는 하지만 저 연세에 그것도 두 손을 꼭 잡고 걷는 분들을 보기는 처음이다. 얼마나 사랑해야 가능할 수 있을까?

참으로 경이로운 사랑이다.

시라우키 마을 가는 길

낮은 구릉지대의 평원에 포도밭과 들판이 번갈아 끝없이 펼쳐진 가운데 저 멀리 언덕배기에 한 무더기의 집들이 보인다. 마치 두 손으로 한 움큼 모아서 흐트러지지 않게 살포시 놓아둔 것 같다.

시라우키 마을이다. 이렇게 광활한 땅을 두고 언덕배기에 집들이 다닥다닥 붙어 있는 모양이 재미있다. 외부의 침략으로부터 마을을 효과적으로 지키기 위해 마을을 요새화했다고 볼 수 있겠다. 시라우키 마을은 성당과 마을 안의 도로가 로마 시대에 만들어졌다고 한다. 마을을 진입할 때 보였던 고인돌과 마을 입구 벽에 스프레이 낙서로 스페인 분리를 주장하는 글귀에서 이 마을 사람들의 고집과 자존심 그리고 전통에 대한 집착을 짐작게 한다.

시라우키 마을을 지나자 다시 들판과 포도밭이 이어진다. 까미노에서 만나는 마을들은 대개 이런 식이다. 마을 하나가 지나면 수 킬로미터 떨어져서 작은 마을이 나오고 또다시 한참을 가다 보면 다시 마을이 나오고… 이 광활한 들과 포도밭을 가꾸기에는 마을의 규모가 턱없이 작아 보인다. 스페인에 눌러앉아 살아도 먹고살 거리는 문제없을 듯하다.

다음 마을인 로르카 마을을 지나 골목길 아래로 조금 내려가니 영진이와 승엽이가 담벼락 그늘에 앉아 쉬고 있다. 둘은 먼저 도착해서 숙소에서 챙겨온 식빵으로 점심을 대신하고 막 일어나려던 참이었다. 에스테야에 도착해서 숙소가 정해지면 카톡으로 연락을 주기로 하고 청년들이 떠나고, 나도 먹다 남은 초리소를 배낭에서 꺼내어 씹고 있는데 중년 한국인이 지나가다 말고 "어어…" 하고 다가온다. 부르게테 로이수 호텔에서 헤어졌던 한국인 두 분 중의 한 분이었다. 까무잡잡한 피부에 탄탄한 체격으로 보아 과거에 운동 좀 했을 것 같은 중년 남성의 이름은 이대호라고 했다.

"아니, 그러잖아도 그때 숙소를 잘 구하셨는지 궁금했었는데, 어떻게 여기서 다시 뵙네요."

나도 그를 알아보고 반갑게 인사했다.

"왜 그 뒤에 내가 카톡 보냈는데 답도 없더구먼 뭐…."

하고 그가 원망하는 조로 툭 내뱉는다. 스마트폰 동영상 촬영에 방해되어 평소 카톡 알람을 꺼놓고 지내다 보니 확인을 미처 못 했다는 변명을 겸한 사과를 하고 함께 길을 나섰다.

이제 막 60에 들어선 대호 형님은 재작년 대장암 수술을 받은 이후부터 사업도 정리하고 예전과는 완전히 다른 삶을 살고 있다고 했다. 자신을 위해 좀 더 많은 시간을 보내고 있고, 산티아고도 몸의 회복을 위해 걷기 시작한 것이 계기가 되어 오게 되었다 한다.

오후에 접어드니 태양이 한층 더 뜨거워진다. 길은 끝없이 이어지고 있고 푸른 들판과 밀밭도 슬슬 지겨워질 즈음 우리는 비야투에르타라는 작은 마을을 지난다. 마을 풍광이 우리나라의 농촌 마을을 닮았다. 에스테야까지는 여기서 4.8km, 한 시간 남짓 걸으면 되는 거리다.

그늘에서 잠시 목을 축이고 난 뒤 카톡 문자를 확인해보니 영진이한테서 문자가 들어와 있다. 산 미구엘 교구 알베르게San Miguel parroquial albergue로 들어갔다고 한다.

대호 형님도 따로 예약한 숙소가 없었기 때문에 산 미구엘 알베르게로 정하고 에스테야를 향해 발걸음을 빠르게 옮기기 시작했다.

06

에스테야의 행복했던 시간들

에스테야는 도시의 규모가 꽤 커 보인다. 도시가 가까워짐에 따라 굵직굵직한 건물들이 나타나는데 산 미구엘 성당 방향으로 구글 내비를 켜고 가는데도 방향을 잡기가 만만치 않다.

산 미구엘 교구 알베르게에 도착하니 자원봉사자분들이 반갑게 맞이해 주신다. 입실 수속은 알베르게 마당에 놓인 책상에서 진행하는데 테이블 위에는 사탕이 놓여 있고 기다리는 동안 음료수까지 주신다. 여느 알베르게에서 기대하기 어려운 호텔급 서비스이다.

알베르게 등록절차는 모든 숙박시설에서 동일하다. 먼저 순례자 여권을 보여주면 자원봉사자(사설 알베르게의 경우는 직원)는 숙박계에 순례자의 이름을 적고 사인을 받는다. 순례자는 숙박료를 현금으로 지불하고 순례자 여권에 '세요sello(스탬프)'를 받는다. 그런 다음 자원봉사자는 순례자에게 침대를 지정해주고 숙소이용 규칙에 관한 간단한 안내사항을 전달한다.

숙소에 따라 순례자들을 직접 해당 침대까지 안내해주기도 하는데 이곳 산 미구엘은 접수에서부터 안내까지 완벽한 호스피탈리티를 보여줬다. 우리를 처음 접수에서부터 숙소 안내까지 도와준 자원봉사자 스텔라는 캐나다 여성으로 오랫동안 교육 관련된 일을 하다 은퇴 후 자원봉사로 이곳 에스테야에서 두 달째 섬기고 있는 중이라고 했다. 스텔라의 행복한 표정과 진심 어린 호스피탈리티는 내게 자원봉사의 삶을 진지하게 고려해보게 하였다.

먼저 도착해 있던 영진과 승엽이 대호 형님을 보자 꾸벅 인사를 한다. 어제 페르돈 언덕을 넘어오다 푸엔테 입구에서 만나 같은 알베르게에 들어갔었다고 한다. 내가 있는 곳으로 오느라 숙박비 6유로씩 포기한 그 알베르게였다. 같은 기간 순례길을 걷는 중에는 이렇게 다들 만나게 되고 서로에 대해 알게 되나 보다. 순례길이 혼자만 걷는 길이 아님을 실감하게 된다. 앞으로 길을 걸으며 어떤 사람을 만나 어떤 대화를 하게 될지 모르겠지만 말과 행동을 조심해야겠다는 생각이 든다.

산 미구엘 알베르게는 성당 교구 알베르게인 까닭에 일반 순례객들이 사용하는 침대는 40여 개가 채 못 되는 거 같다. 일반 알베르게에 비해 주방 공간도 너무 협소하고 함께 식사할 공간도 좁아서 대부분의 순례객들은 바깥에 있는 테이블에서 시간을 보낸다. 요즘 같은 날씨에는 상관없지만 겨울철에는 많이 불편할 거 같다. 숙박비는 도네이션으로 각자가 알아서 내면 되는데 우리는 10유로씩 걷어서 냈다.

세탁을 마치고 뒷마당에 빨래를 널고 오는 나를 보자 침대에서 쉬고 있던 대호 형님이 같이 마트나 가자고 한다. 어차피 스틱도 사야 해서 대호 형님과 함께 거리로 나왔다. 길 가는 사람을 붙들고 식료품과 스틱을 살 수 있는 곳을 물어도 대부분 스페인어로 뭐라고들 하며 그냥 지나간다. 그러던 중 유모차를 끌고 가는 젊은 여성을 만나 도움을 청하니 여성은 슈퍼마켓은 식료품만 있고 스틱을 사려면 데카트론으로 가야 한다고 알려주었다. 한 손으로는 유모차를 흔들어가며, 여성은 알아듣기 쉬운 영어로 슈퍼마켓은 걸어서 15분 거리의 에로스키시티eroski city로 가면 되고 데카트론까지는 에로스키시티 앞에서 버스를 타면 된다고 한다.

외국여행을 할 때 우리는 그 나라의 많은 것에 감탄한다. 대개는 그 나라의 멋진 자연과 훌륭한 유적지나 관광지 그리고 맛있는 음식이나 가성비 높은 쇼핑 등일 테지만, 이 여성과 같이 뜻밖의 친절한 사람을 길거리에서 우연히 만나 멋진 정보를 얻게 되는 것 역시 이에 못지않게 감탄할 만하다.

다행히 유모차의 아기는 깨지 않고 예쁘게 잘 자고 있었다.

"무차스 그라시아스 세뇨라!"

에로스키시티도 우리나라 마트 규모의 대형 매장이었다. 식음료와 생필

품 매장을 비롯해 육류 매장과 생선과 같은 신선식품 코너가 잘 갖춰져 있었다. 대호 형님은 스페인은 소고기가 싸고 맛있으니 배 터지게 먹어보자며 3kg씩이나 산다. 그리고 쌀 한 봉지와 몇 가지 양념과 야채와 생수 두 통을 사고 계산서를 보니 52유로, 4명 순례자 정식 값 정도가 나왔다. 스페인 고깃값이 싸긴 싸다. 순례자 정식의 메인은 닭 아니면 돼지인데 오늘은 소고기를 원 없이 먹게 생겼다.

저녁 식사준비는 승엽이가 밥을 먼저 안치고 대호 형님이 고기를 먹기 좋은 양으로 손질해서 프라이팬에 굽는 동안 나와 영진이는 샐러드 준비와 테이블 세팅을 마쳤다.

좁은 주방을 우리가 차지하고 있어서 내심 마음은 불편했지만 최대한 빠르게 저녁 준비를 끝냈다. 자, 이젠 즐길 시간이다.

고기 맛이 기가 막히다. 스페인 쌀로 지은 밥은 불면 날아가지만 고기와 먹기에는 고소하고 맛있다. 그러고 보니 일주일 만에 밥알은 처음이다. 물론 소고기는 더 오랜만이고.

산 미구엘 알베르게에서의 행복한 시간

우리가 식사하는 동안 우리 테이블 옆에는 먼저 식사를 끝낸 사람들이 옹기종기 모여 앉더니 노래를 부르기 시작한다. 조금 있으니 키 크고 잘생긴 영국인 롤랜드가 어디서 가져왔는지 기타를 들고 나와 존 덴버의 'Take me home, Country road'을 멋지게 부른다. 모두들 분위기가 후끈 달아올라 자리에서 일어나 따라 흥얼거리며 춤을 춘다. 마치 행복을 위해 누군가가 기획이라도 한 듯이 에스테야 산 미구엘 알베르게의 멋진 저녁은 이렇게 무르익어 갔다.

멋진 저녁시간을 보내고 실내로 들어와서 침대에 누웠는데 빨래 생각이 났다. 후닥닥 일어나 뒤편 빨랫줄로 갔더니 여태까지 밖에서 독일 순례자 할머니와 얘기하고 있던 스텔라가 다가와서 말을 건넨다. 그렇게 서로 몇 마디 나누다 보니 내면의 이야기도 하게 되었다. 왜 하나님은 내게 이 길을 걷게 하셨는지, 이 길을 걷고 나면 나에게 어떤 변화가 생길지 모르겠다는 나의 말에 스텔라는 뜬금없이 밤하늘을 가리키며 북극성을 찾아보라 한다. 채 깜깜해지지 않은 저녁 하늘엔 벌써 국자 모양의 북두칠성이 펼쳐져 있고 그 위쪽으로 밝은 별이 반짝이고 있었다. 별자리에는 약하지만 이 정도는 어릴 때부터 봐왔기 때문에 알 수 있었다. "가만, 그러고 보니 이곳의 지명이 에스테야(estella 바스크어로 '별') 당신의 이름과 같군요"라고 내가 말하자 스텔라는 웃으며, 우연이기는 하지만 이곳에 와서 봉사하게 된 것도 이름 때문이 아닌가 생각한다고 했다. 그러면서 "옛날 순례자들은 저 별이 산티아고까지 무사히 데려다준다고 믿었다고 해요. 크리스 당신도 하나님이 무사히 산티아고까지 데려다주실 것이고 나머지 당신의 삶도 인도해주실 것으로 믿어요"라고 축복해주신다.

뜻밖의 장소에서, 뜻하지 않은 시간에, 전혀 예상치 않았던 축복이 있을 수 있다.

그것은 내가 길을 떠났기 때문이며 누군가를 만났기 때문에 얻을 수 있는 귀한 경험일 것이다. 스텔라에게 감사의 인사를 하고 빨래를 걷어 숙소로 들어오면서 오늘 하루 에스테야에서의 행복했던 시간들이 클로즈업된다.

에스테야, 별이라는 이름으로 불리는 도시. 이곳에서 꿈의 나침판인 북극성을 보며 산티아고를 향하던 옛 순례자들처럼 나도 내일이면 또 새로운 길을 걷게 되겠지.

07

수도원과 와이너리

에스테야-아예기/이라체-비야마요르 데 몬하르딘-로스 아르코스 21km

자원봉사자 스텔라의 수제 베이커리

아침에 산 미구엘 알베르게는 분주하다. 좁은 공간에서 아침을 준비하시는 자원봉사자분들과 아침 일찍 출발하시는 분들이 테이블을 채우고 일부는 서서 음식을 먹기도 한다. 식당 공간이 숙소 입구에 있다 보니 사람이 지나갈 때마다 몸을 비켜야 할 정도이다. 그럼에도 아침 식사 준비는 자원봉사자분들이 신경 써서 준비한 티가 났다. 특히 스텔라가 직접 만들었다는 빵은 부드럽고 담백해서 우유와 커피를 마시며 몇 조각을 집어 먹었다.

스텔라는 그 와중에 큰누님 같은 자상함으로 내 머리에 손을 얹고 안수기도를 해주었다.

언젠가는 나도 스텔라처럼 자원봉사를 신청해서 에스테야에 꼭 다시 오겠다는 말을 남기고 아쉬운 작별을 했다. 영원히 잊히지 않는 아름다운 기억으로 남을 에스테야의 시간을 뒤로하고 로스아르코스를 향해 오늘 하루의 걸음을 시작한다.

영진과 승엽이 먼저 출발하고 대호 형님과 나는 뒤를 이었다. 로스아르코스까지는 21km로 짧은 편인데 중간에 오르막을 지난다. 고저표시도를 보니 페르돈 언덕 정도의 높이인데 경사도는 그리 가파르지 않다. 여유 있는 순례길이 예상된다. 에스테야 다음 마을인 아예기 마을은 산티아고 순례길에서 유명한 포도주가 나오는 수도꼭지가 있는 곳이다. 사실 산티아고 오기 전에는 어떻게 그런 생각을 했을까 하고 대단하게 생각했는데 막상 여기 와 보니 뭐 그럴 수도 있겠다는 생각이다. 생수값이 웬만한 와인값보다 비싼 상황이니 수도꼭지나 와인꼭지나 별 차이 없을 수도 있겠다. 에스테야 도심을 벗어나는가 싶더니 어느새 아예기Ayegui 마을에 진입했다. 가벼운 경사를 오르니 노란 화살표 밑에 Wine Fountain 표시가 보인다. 이곳은 보데가스 이라체Bodegas Irache라는 와인회사에서 운영하

이라체 와인 수도꼭지

이라체 수도원

는 곳으로 여기서 조금 떨어진 이라체Irache 지역에 와이너리를 운영하고 있다. 아침부터 와인을 마시기에는 갈 길이 먼 탓에 인증 샷만 찍고 지나가는 걸로…. '이곳이 오늘 숙박하는 마을이라면 대박일 텐데' 하는 쓸데없는 생각도 접고.

와인 수도꼭지가 있는 곳을 지나 좀 더 걷다 보니 웅장한 중세 시대의 건물이 나온다. 이라체 수도원이다. 12세기에 건축된 로마네스크 양식의 건축물이다. 웅장하되 화려하지 않은, 어찌 보면 교도소 같아 보이기도 하는 건물이다.

수도원 맞은편에는 와인 박물관이 있다. 수도원 앞에 와인 박물관이라니 의아하다. 하긴 성당에서는 성찬예배에 진짜 포도주를 사용하니까 좋은 포도주를 드리기 위해 와인에 대한 해박한 지식이 필요할 수도 있겠다. 그렇지만 뭔가 '배보다 배꼽' 같은 생각이 드는 것은 뭣도 모르는 이방인의 무지의 소산일까⋯.

수도원을 지나 이어지는 길을 따라 포도밭이 드넓게 펼쳐진다. 조금 전 수도원 앞 광장에 큼직한 와이너리 투어 광고 간판이 있었던 걸로 보아 이 일대가 스페인에서 꽤 오래된 와인 생산지인 듯하다.

08

마리

길은 다시 들판을 가로질러 은근한 오르막이 계속되고 있다. 아예 기 마을 이후부터는 숫제 혼자 걷고 있다. 수도원 주변에서 사진을 찍느라 시간을 좀 많이 지체한 탓에 대호 형님도 앞서간 이후로는 보이지 않는다. 그러고 보니 아침에 출발하면서 청년들하고도 오늘 일정에 대해서는 아무것도 얘기한 것이 없다. 그냥 이대로 자연스럽게 각자 갈 길을 가는 건가. 이게 맞는 건지 잘 모르겠지만 그렇다고 내가 굳이 카톡으로 먼저 연락하는 것도 어쭙잖다는 생각이 든다. 갑자기 혼자라는 생각이 들자 오르막길이 힘이 든다.

그렇게 혼자서 걷다 보니 어느덧 아스케타 마을에 접어들었다. 작지만 깔끔한 마을이다. 그런데 어느 순간 까미노 표시가 눈에 띄지 않는다. 느낌으로 오던 방향대로 계속 걸어가는데도 화살표가 나타나지 않아 머뭇거리고 있는데, 뒤에서 키 큰 서양 여성이 다가오며 '부엔 까미노' 하고 인사한다. 나도 반갑게 인사하며 자연스럽게 여성을 따라 걸었다. 여성은 네덜란드에서 온 '마리'라고 자신을 소개했다. 50대로 보이는 착한 인상에 영어도 나긋나긋한 발음으로 귀에 쉽게 들린다. 그러고 보니 까미노에서 영어권 여성과 걷기는 처음이다. 가만, 그런데 네덜란드가 영어권 맞나? 어쨌든 마리의 영어는 귀에 쏙쏙 들어온다. 문제 되는 건 나의 어휘력이 딸릴 뿐. 그런데 부족한 어휘력은 또 몸 언어가 대신해주니까 크게 문제 될 건 없다. 대화는 느낌이다. 이 사람과 느낌이 어느 정도 통하면 대화가 계속 이어지고 대화가 이어지면 걸음은 저절로 비슷한 보폭으로 맞춰진다. 마리와는 그렇게 대화도 하다가 또 묵묵히 각자 생각에 잠긴 채 걷기도 했는데 일부러 빨리 가거나 속도를 늦출 필요 없이 자연스럽게 둘의 보폭이 비슷하게 유지되었다. 까미노에서 50대를 만나기 쉽지 않다 보니 더욱 공감대가 생겼는지도 모르겠다. 프리랜서 웹 디자이너인 그녀는 벼르고 벼르던 휴가를 내어 까미노를 왔다고 한다. 그것도 풀코스(프랑스 까미노에서는 생장에서 산티아고까지를 흔히 풀코스라고 한다)를 걷지는 못하고 레온까지만 걷는단다.

마리는 63년생으로 나보다 한 살이 더 많은데도 싱글이어서 그런지 대화 중간중간 보이는 미소에 아직 풋풋함이 살짝살짝 묻어났다. 내가 마리에게 그 나이에도 바쁘게 자기 일 하는 그녀가 부럽다고 하자 마리는 그 나이에 벌써 마음껏 여행 다니는 내가 더 부럽다고 한다. 그런가 보다. 우리들 50대, 늙은이도 젊은이도 아닌 딱 그대로 중년. 누구는 일에 치여 노는 게 부럽고 누구는 일이 없어 일하는 게 부러운 사람들. 그러나 세상은 우리 중년들에게 둘 다를 적절하게 허락하지는 않는 것 같다. 죽도록 일하다 어느 날 느닷없이 푸욱 쉬게 된다. 아직은 세상의 어디에서도 이러한 중년의 딜레마에 대한 완벽한 해답을 제시한 것을 보지 못했다. 하긴 그 해답을 알고 있다면 지금 이 길을 걷고 있지도 않겠지만….

마리

어느덧 아스케타 마을을 벗어나 들판 길을 걷고 있는데 앞에서 대호 형님이 특유의 걸음걸이로 걷고 있다. 건들건들하는 걸음걸이로 인해 연신 배낭이 흔들린다. 조금 가다 보니 농장 비슷한 건물이 나타났는데 빈집 같아 보였다. 슬슬 배도 좀 채울 겸 잠시 쉬었다 가기로 하고 적당한 곳에 배낭을 내려 비상식량들을 꺼냈다. 마리는 배낭을 먼저 보내고 사과만 몇 개 색에 넣고 걷는 중이다. 대호 형님과 나는 아침에 에스테야에서 삶아온 계란을 마리와 함께 나누어 먹었다. 조금 있으니까 어제 에스테야에서 같은 숙소에 머물렀던 독일 아주머니가 우리를 알아보고 이쪽으로 와서 함께 앉았다(어쩌면 우리를 보고 온 게 아니라 마리를 보고 왔는지도 모르겠다). 독일 아주머니와 마리는 서로 독일어로 대화를 한다. 이럴 때는 유럽 사람들이 부럽기도 하다.

마리는 독일 아주머니가 꺼낸 커다란 바게트 빵을 한입 베어 물고 알아들을 수 없는 독일말로 떠들어댄다. 조금 전까지 사과 한 쪽을 아삭아삭 베어 먹으며 나긋하게 영어로 말하던 때와는 사뭇 다른 모습이다. 이럴 때 보면 중년 여성의 모습은 세계 어디나 비슷한 거 같다. 나 같은 소심한 중년 남자한테는 언제나 부러운 모습들이다.

다시 로스아르코스를 향해 발걸음을 재촉해본다. 나와 대호 형님이 앞서 걷고 마리와 독일 아주머니가 뒤에 따라온다. 같이 걷고는 있지만 우리는 서로 일행이 아니다. 서로 합의한 같은 목적지가 없기 때문이다. 영진이와 승엽이도 그런 점에서는 마찬가지다. 오늘 아침 산 미구엘 알베르게를 나온 이후 얼굴을 보지 못했다. 카톡도 없는 걸 보면 이제부턴 자기들끼리 걷겠다는 의사표시라고 볼 수 있을 것이다. 나는 대호 형님과 같이 걷다 다시 마리와 걷기를 반복했다. 그러다 마리가 한 무리의 서양인들과 얘기하며 오는 동안에 로스아르코스에서 또 보자는 막연한 인사를 남기고 대호 형님과 앞서 걷기 시작했다.

로스아르코스 산타마리아 성당 앞 광장에 도착했을 때는 오후 1시 무렵이어서 광장 테이블에는 식사하는 사람들로 붐볐다. 우리 두 사람은 광장 한편의 바bar에서 맥주 두 잔과 바게트를 주문해서 들고 나와 빈자리를 찾아 앉았다. 대호 형님은 아직 시간도 이르니 다음 마을까지 더 걷자고 한다. 살짝 고민하다 딱히 약속을 정한 건 아니지만 마리한테 로스아르코스에서 보자고 했던 게 걸려 나는 여기서 머물겠노라고 했다.

“그래요, 어차피 걷다 보면 또 보게 될 텐데 뭘” 하면서 출발하는 대호 형님을 먼저 보내고 남은 바게트를 깨작깨작 뜯으며 혼자 앉아 있는데 저만치 마리가 서양인들과 오고 있는 모습이 보인다. 순간 ‘마리’ 하고 일어나려다 말고 다시 자리에 앉았다. 그들의 모습이 너무 자연스러워 내가 끼어들 틈이 없어 보였다. 마리가 나를 알아보지 못한 채 시야에서 멀어지는 동안 마리의 이름은 끝내 내 입에서 나오지 않았다. 그러고 보니 비슷한 경험이 생각난다. 발카를로스길에서 탈진한 채 개울 옆에서 쉬고 있을 때 다리 위로 지나가는 아미 상을 불렀지만 그때도 결국 그 이름이 목소리로 나오지 않았었지. 순례길 첫날 봤던 사람들 중에는 벌써 서너 번씩 마주치는 사람들도 있는데 아미 상은 그날 이후 한 번도 마주친 적이 없다. 순례길이 끝나기 전에는 한 번 더 만나게 될까….

불현듯 마리가 레온까지만 간다고 얘기했던 기억이 나서 인사라도 제대로 해야겠단 생각으로 급히 뒤따라갔지만 그사이에 사라지고 없었다. 광장을 지나 마을로 바로 갔거나 근처 레스토랑으로 들어간 것 같다. 아쉬움과 왠지 모를 자책이 마음 한구석에서 올라왔다. 하고 싶은 얘기가 더 있었는데, 이메일 주소조차 못 받았는데….

09

뜻밖의 친절

로스 아르코스-산솔-토레스 델 리오-비아나-로그로뇨 28.6km

아침에 일어나 2층 침대에서 내려오는데 왼쪽 골반이 시큰거려 다리를 제대로 딛기가 힘들었다. 원인을 생각해보니 어제 종일 스틱을 한쪽으로만 사용해서 왼쪽이 무리가 간 듯 하다. 에스테야에서 스틱을 구매하지 못했던 게 화근이었다. 걸음에 적응하느라 절뚝거리는 내가 안쓰러웠던지 내 아래 침대를 썼던 우리나라 아가씨가 붙이는 파스를 건넨다. 자기도 다리가 불편해서 사용했는데 효과가 좋았다고 한다. 한국에서 올 때 비상약품을 챙긴다고 챙겼지만 붙이는 파스까지 준비할 생각은 못 했는데… 여성들은 참 대단하다. 고맙다는 인사를 전하며 말을 붙이니 의외로 싹싹한 아가씨다. 이름은 수현이라 했다. 생장에서 언제 출발했냐는 나의 물음에 22일 출발했는데 걸음이 느려 원래 출발했던 일행들보다 늦어졌다고 한다. 22일이라면 내가 나폴레옹길에서 조난당했던 날이다.

아무튼 수연과는 그렇게 인사하고 파스 감사하다는 나의 인사에 수현은 내게 웃으며 "힘내시고 잘 걸으세요. 부엔 까미노" 하고 먼저 출발한다.

젊은 아가씨로부터의 뜻하지 않은 친절을 경험하니 아침부터 기분이 좋다. 파스를 붙이니 기분 탓인지 한결 나아진 느낌이다.

그나저나 스틱 하나만으로는 걷기가 어려울 것 같아 고민이다. 뭔가 대체할 만한 게 없을까 하고 머릿속으로 밀대자루, 걸레자루 뭐 이런 걸 생각하며 알베르게 주변을 살피고 다니는데 딱 눈에 띄는 물건이 있다. 마치 나를 위해 누군가가 준비해둔 것처럼. 내 머릿속에 있던 봉걸레 자루였다. 그것도 자루만! 색깔이 노란색인 게 좀 거슬리긴 했지만 그게 뭐 대수랴, 걷는 게 중요하지.

한쪽 스틱 대용으로 사용될 걸레 자루

스틱을 조절해서 봉걸레 자루와 높이를 최대한 맞추어 짚어보니 왼쪽 다리에 무리가 덜 가서 아주 좋다. 이대로 오늘 로그로뇨까지 갈 수 있으면 가고, 무리다 싶으면 그 전 마을인 비아나까지만 가자 하는 생각으로 숙소를 나섰다.

로스아르코스 시내를 벗어나니 광활한 들판이 시원하게 펼쳐진다. 아침 안개를 헤치고 떠오른 태양이 들녘을 황금색으로 물들이고 순례자들의 두툼한 겉옷을 벗긴다. 순례자의 아침은 언제나 설렌다. 특히 숙소를 나서

로스아르코스 들판의 아침

는 7시에서 8시 무렵의 아침은 어디에서나 하루 중에 가장 멋진 풍경을 연출한다. 오늘은 지팡이 찾느라 평소보다 좀 늦게 출발한 탓에 멋진 일출은 보지 못한 게 좀 아쉽다.

왼쪽 다리는 계속 걷다 보니 적응이 된 건지 아까보다 시큰거림이 덜하다. 이 상태로만 유지된다면 걷는 데 별문제는 없을 것 같다. 오늘부터는 다시 혼자 걷는다. 애당초 혼자 시작한 까미노이니 혼자 걷는 지금 이 순간을 즐기자.

몇몇 순례자들이 '부엔 까미노' 하면서 앞서간다. 개중에는 나의 봉걸레 스틱을 보고 "나이스 스틱" 하면서 엄지척을 들어 보이기도 한다. 그럴 때면 나도 스틱을 치켜들며 "판타스틱!" 하고 오버를 떨어본다. 그렇게 한참을 걷다 보니 멀리 집들을 한 움큼 모아놓은 듯한 마을이 보인다. 전형적

산솔 마을 가는 길

인 나바라 지역의 시골 마을인 산솔 마을이다.

산솔 마을 입구에 알베르게가 마치 고속도로 휴게소처럼 덩그러니 있다. 바깥마당 테이블에는 늦은 아침을 먹는 사람들로 붐빈다. 나도 아침을 먹기 위해 식당으로 다가가는데 야외 테이블 한쪽에서 아침에 내게 파스를 건넸던 수현과 그 옆에 있던 구레나룻을 기른 한국 청년이 내게 인사를 한다. 한국 청년은 생장에서 같은 알베르게에 묵었던 재홍이란 청년이었다. 그때는 얼굴이 말끔했었는데 일주일 사이 수염이 많이 자라 몰라보았다.

"어떻게 된 거야? 두 사람 같은 일행이었어?"라는 나의 물음에 수현이 "어, 원래 아시는 사이셨어요?" 하며 재미있어한다.

재홍이 옆에 있던 외국인 둘을 내게 소개시켜 주었다. 둘 다 키가 큰 편에 속하는 미국인들이었는데 나이가 좀 있어 보이는 친구는 폴이라고 했고 약간 덩치 크고 얼굴에 노란 솜털이 있는 친구는 메튜라고 했다. 한국 친구들이나 외국 친구들이나 다들 하나같이 선량해 보이는 얼굴들이다. 어떻게 된 조합이냐는 나의 물음에 어제 로스아르코스 오는 길에서 만나 같이 걷고 있다고 한다.

재홍의 표현에 의하면 이 조합은 느림보 조합이라고 했다. 벌써 물집들도 잡히고 해서 아주 천천히 걷고 있다고 한다.

"뭐야 이거, 부상병들이잖아" 하고 한바탕 웃어댔다.

폴이라는 친구가 나의 독특한 스틱을 보며 무슨 일이 있었는지 묻는다. 나는 페르돈 언덕을 넘어오면서 스틱 하나가 망가졌고, 아침에 골반 통증으로 절룩거리는데 수현이 파스를 주었던 얘기며 우연히 쓰레기통 옆에서 봉걸레 자루를 발견하게 된 얘기를 숨 가쁘게 늘어놨다. 그러자 큰 눈을 껌뻑거리며 듣고 있던 폴이 "You are a lucky guy"라며 씩 웃는다. 이 친구 왠지 친근감이 든다.

다들 일어나 다시 걷기 시작하며 폴과 나는 좀 더 많은 대화를 나눌 수 있었다. 얼핏 니콜라스 케이지를 닮은 폴은 캘리포니아 출신인데 현재 다니는 회사의 보스가 한국인이어서 한국에 대해 많은 관심을 가지고 있다고 했다. 한국어와 한자어 학습에도 관심이 많아 대화 도중 궁금한 것들을 묻고 작은 수첩에 메모까지 할 정도로 학구적인 면모를 보인다. 그런데 이 친구들 진짜 느리게 걷는다. 마치 동네 뒷산을 산책할 때의 걸음걸이 같다. 폴에게 원래 이렇게 천천히 걷느냐고 물었더니 오히려 나를 이상하다는 듯이 쳐다보며 빨리 걸어야 할 이유라도 있냐고 되묻는다. 그러더니 스틱을 어깨 위로 올려 두 팔을 걸치고 심호흡을 하며 한층 더 여유를 부린다.

덩치 큰 메튜는 솜털 사이로 하얗고 뽀얀 피부가 아직도 어린애 같은 얼굴을 하고 있다. 한국 친구들과 대화할 때 진지하게 듣는 모습이 착해 보이는 청년이다.

산솔 마을을 벗어나 도로를 따라 잠시 걸으니 또 다른 한 무더기의 집들을 모아놓은 마을이 보인다. 토레스 델 리오Torres del Rio 마을이다.

산솔 마을과 거의 느낌이 비슷한 중세 시대 그대로의 모습이다. 이 마을에는 성묘성당Iglesia del Santo Sepulcro이 유명한데, 이 성당은 12세기에 예수님의 무덤이 있는 이스라엘의 성묘교회를 모방해서 세워졌다고 한다. 다른 성당과 달리 성당 제단을 화려하게 장식하지도 않고 교회처럼 예수님상이 조촐하게 모셔져 있다.

10 ___

길가에 놓인 순례자의 신발

성당 안을 천천히 구경하고 있는 젊은 친구들을 뒤로하고 다시 걸음을 재촉한다. 광활한 들판을 가로지르는 고독한 길이 시작되었다.

왼쪽 골반의 시큰거림도 이제 별로 느껴지지 않는다. 토레스 마을을 지나 10분쯤 걷다 보니 길가 까미노 표지석 옆에 작은 십자가와 어느 순례자가 신었을 신발이 놓여 있다. '이곳에서 순례 중이던 누군가가 천국으로 갔다는 걸까? 모를 일이다.'

길 위의 죽음은 헤세의 소설 '나르치스와 골드문트'에서 주인공 골드문트의 삶을 떠올리게 한다. 예술가적 방랑을 통해 영감을 얻어 멋진 작품을 남겼지만, 노쇠하고 지친 육신은 결국 길에서 병을 얻어 죽어가는 골드문트의 삶은 어린 시절 내게 많은 생각을 하게 하였다. 자유로운 영혼으로 세상을 방랑하며 맘껏 예술혼을 불태울 수 있는 삶은 분명 매력적인 삶이

길가에 놓인 순례자의 신발

다. 그러나 고독하고 가난한 삶은 감당할 자신이 없어 지금껏 모범적인 삶의 테두리를 유지하며 살았다. 감성보다는 이성이라고 해야 할까, 아니 감성보다 목구멍이라고 해야 더 맞을지도 모르겠다. 예술적 감성을 표현하는 타고난 재능이라도 있는 경우가 아니면 대부분의 이 땅의 중년들은 어느 때부터인가 감성에 불편함을 느끼고 어색해했다.

그랬던 것이, 감성은 애써 무시하고 사회적 존재로서 나 아닌 나의 모습으로만 살아왔던 수십 년의 시간이 갑자기 끝난 지금, 길 위에 놓인 어느 방랑자의 신발 한 켤레는 더 이상 내게 아무런 위협이 되지 않는다.

그러니 이제부터는 기꺼이 방랑을 하자.
이미 테두리가 사라진 세상에서

나를 담아내기 위해 규격을 정하고 포장을 하는 수고로움을
더 이상은 견디지 말자.
너무 일찍 닫혀버린 나의 또 하나의 성장판을 더듬어 찾노라면
혹시 누가 알겠는가, 그곳에 미처 보지 못했던 새싹이 돋아나고 있을지.
저기 작고 말라비틀어진 포도나무들에도 저렇듯 파릇한 새잎이 돋아나
고 있지 않은가.
혹시 누가 알겠는가? 나 또한 그러할지.
붉은 포도밭을 지나며 서러운 울음을 실컷 울었다.

비아나 마을 가는 길

푸른 들판 사이로 난 길을 따라 한참을 걸어가니 비아나 마을이 나온다. 로그로뇨 가기 전 마지막 마을이다. 마을을 2km 정도 앞두고 언덕 위에서 보는 비아나 마을의 풍경은 앞서 지나온 산솔 마을과 토레스 마을처럼 중세풍의 고즈넉함이 느껴진다. 그런데 막상 마을을 지나면서 보니 앞선 두 마을보다 큰 소도시 정도의 규모이다.

순례길은 산타마리아 성당 앞을 지나게 되는데, 이 성당은 12세기 템플기사단에 의해 지어진 후기 로마네스크 양식의 건물이다. 성당 입구 외벽을 반원형으로 만들어 외벽 천장에서 벽면에 이르기까지 여러 조각상들이 장식되어 있다. 또한 이 성당에는 당시 교황 알렉산더 6세의 아들이자 스페인과 이탈리아의 넓은 영토를 지배하고 있던 체사레 보르자Cesare Borgia의 무덤이 있다고 한다. 체사레 보르자는 냉혹하고 교활한 군주로 마키아벨리가 쓴 군주론의 실제 모델이라 한다.

11

조디와 마리아 할머니

비아나 마을을 지나 밀밭과 포도밭을 차례로 지나고 한 시간 정도 더 걸으니 로그로뇨를 6km 앞둔 표지판이 나온다. 그리고 이어 우리나라 소나무 숲을 닮은 솔밭 길을 지난다.

소나무 숲길을 지나니 기분이 상쾌해진다. 고독한 걸음을 걸으며 실컷 울었던 탓일까? 솔숲 사이로 비치는 햇살과 솔잎에 살랑이는 바람이 기분을 새롭게 한다.

소나무 숲을 지나 다시 도로 길을 따라 걷다 보니 사잇길로 빠지라는 표시가 나온다. 표지 방향대로 가다 보니 순례길에서는 흔하지 않은 굴다리를 지난다. 굴다리를 지나 약한 오르막이 다시 시작되는 지점에서 씩씩하게 걷고 있는 여성과 '올라' 하고 지나려는데 이 여성, 전혀 걸음이 뒤처지지 않는다. 자연스럽게 몇 마디 나누게 된 이 여성의 이름은 '조디'라고 했

조디와 마리아 할머니

다. 조디는 미국인인데 현재 두바이에서 살고 있다 한다. 두바이는 가보지 는 못했지만 호텔리어들에게는 익숙한 도시인지라 두바이에 관한 이런저런 얘기를 나누며 걸었다. 조디는 두바이에 놀러 갔다가 남편을 만났고 지금은 영어선생님으로 정착해서 살고 있다고 한다. 아이들도 둘이나 있는 평범한, 아니 한창 바빠야 할 주부가 순례길을 어떻게 걷고 있느냐고 물으니 착한 남편 만나서 그럴 수 있단다. 이번이 벌써 세 번째인데 열흘 정도씩 시간을 내어 구간을 나누어 걷는다고 한다. 아무튼 대단한 미국 아줌마다.

로그로뇨 시내를 진입하기 전 좁은 길목 어귀에서 조디가 세요sello를 찍어주는 마리아 할머니 얘기를 하며 주변을 두리번거린다. 여행의 재미를 위해 지나친 사전 지식을 늘 삼갔던 내가 마리아 할머니를 알 턱이 없었다. 조디에 의하면 원래 이곳은 마리아 할머니의 어머니인 펠리사 할머니가 평생 동안 이곳에서 순례자들에게 세요를 찍어주는 봉사를 했는데 딸인 마리아 할머니가 대를 이어 세요를 찍어주고 있다 한다.

조디를 따라 마리아 할머니의 집 쪽으로 가서 보니 할머니는 집 앞에 가판대를 세워두고 순례길 기념품을 팔고 있었다. 순간 이게 뭐가 봉사야 하는 생각이 들었지만 내색 않고 얌전히 크레덴샬에 세요를 받은 후 팔찌용 작은 조가비 펜던트를 하나 샀다. 물론 기념품 몇 개를 집고 있는 조디를 다분히 의식한 구매였다. 할머니는 처음 뵈었을 때보다는 훨씬 부드러워진 표정으로 "꼬레아" 하신다. 이어 한국 사람들은 세요만 받고 기념품은 안 사는데 나는 사줘서 고맙다고 하신다. 뭔가 뒷맛이 좀 개운치 않은 느낌이다.

'마리아 할머니, 오래오래 건강하세요. 그리고 한국인들 도장만 찍고 가더라도 너무 미워하지 말아주세요….'

마리아 할머니와 작별 인사를 하고 함께 걷고 있던 조디가 로그로뇨는 타파스로 유명한 곳이라 한다. 그런데 오늘이 5월 1일 근로자의 날이어서 문을 연 곳이 있을지 모르겠단다. 무식한 나는 근로자의 날은 우리나라만 있는 걸로 알았는데 오늘 이 아줌마 덕분에 많이 배운다. 40대 중반의 붙임성 좋은 조디는 직업병인지 나보고 영어를 어디서 배웠냐고 뜬금없이 묻는다. "우리 때는 워커맨으로 영어공부 했어. 찍찍이라고 했지"라며 버튼 누르는 시늉과 함께 '찌익' 소리를 내 보이니 조디가 "워크맨? 리얼리?"

를 두 번이나 반복하더니 놀랍다며 칭찬을 한다. 학생도 아닌데 영어선생님한테 칭찬받으니 기분은 좋다.

로그로뇨 시내로 이어지는 다리 위에서 보는 풍광이 멋지다. 에브로강을 마주하고 울창한 푸른 수목이 유럽풍의 건물들과 어우러져 여유로운 도시의 느낌을 자아낸다.

조디와는 다리를 넘어 시내 갈림길에서 헤어졌다. 나는 공립 알베르게 방향으로 향하고 조디는 미리 예약을 해둔 시내 호텔 쪽으로 향해 갔다. 헤어지면서 조디는 저녁 때 미국 친구들하고 시내 타파스 레스토랑에서 만나기로 했다며 레스토랑 이름을 얘기해주는데 레스토랑 이름이 머리에 새겨지지 않는다. 한 시간 남짓 같이 걸어오면서 제법 통한다는 느낌을 가진 영어선생님 미국 여성 조디. 메일 주소는 받아놓았지만 다시 보게 될는지….

로그로뇨 대성당

로그로뇨 시내로 접어드니 로그로뇨 대성당의 멋진 모습이 피곤한 순례자를 반겨주는 듯하다. 산타마리아 대성당으로 불리는 이 성당은 바로크 양식의 쌍둥이 첨탑의 위용이 마치 제국의 황궁처럼 당당하다.

대성당 앞을 지나는데 앞쪽에서 낯익은 한국 아주머니 한 분이 나를 쳐다보고 계신다. 가까이 다가가 보니 둘째 날 생장 알베르게에서 내 옷을 걷어주셨던 셀리 아주머니다. 밤늦은 시간까지 처음 본 나를 앉혀놓고 수다를 떨던 재미 교포 아주머니. 그러잖아도 가끔씩 생각났었는데 이렇게 길거리에서 만나니 너무 반가웠다.

그렇게 아주머니와 한참을 얘기하다 숙소 얘기가 나오자 아주머니는 여기 공립 알베르게는 7유로인데 별로라며 바로 앞에 있는 호스텔을 추천한다. 이 호스텔에 묵는 아주머니 일행 한 분이 호스텔이 10유로밖에 안 하는데 공립 알베르게보다 훨씬 시설이 좋다고 했단다.

'호스텔인데 10유로? 콜!'

셀리 아주머니와 헤어지고 바로 호스텔로 들어가니 1층에 리셉션 데스크가 있다. 호스텔답게 깔끔하다. 그런데 이름이 좀 어렵다. 엔트레 수에뇨스 호스텔. 10유로는 당연히 도미토리룸이다. 룸으로 안내를 받아 들어가니 2층 침대가 5개 놓여 있다. 신발을 밖에 벗어놓고 들어가는 구조가 아니어서 발 냄새가 좀 났지만 침대 상태는 깨끗하다. 더욱이 우드 프레임이라 삐걱대는 소리가 없어서 좋다.

출입문 가까운 1층 침대로 배정을 받아 짐을 풀고 있는데 이게 웬일인가, 내 옆 침대에서 머리를 맞대고 아이패드를 보고 있는 커플. 마이클과

제니퍼였다.

'아니, 이럴수가… 까미노는 원래 이런 건가? 아니면 마이클 이 녀석과 내가 전생에 무슨 관계가 있었나… 아니지 크리스천이 전생이라니….'

근데 이 친구들 그다지 놀라워하지도 반가워하지도 않는다. 반갑게 몇 마디 나누다 말고 둘이서 보던 아이패드로 눈길을 돌리고 만다.

한참 뒤에 저녁 먹으러 같이 나가자는 마이클에게 (민폐 끼치기 싫어)조금 있다 따로 가겠다고 했더니 두말없이 제니퍼와 함께 나간다. 저 녀석은 왠지 모르게 얄미운 구석이 있어….

12

길 위의 여성들

로그로뇨-나바레테-벤토사-나헤라 28km

부스럭거리는 소리에 눈을 떴다. 깜깜한 가운데 어르신들이 배낭을 챙기고 있었다. 얼마를 잤는지 정신이 말똥하고 아주 잘 잔 느낌이다. 그래 오늘은 나도 저 어르신들처럼 일찍 출발해보자. 주섬주섬 옷가지와 물건들을 그대로 문밖으로 들고 나오니 복도에는 불이 켜져 있고 몇몇 사람들이 배낭을 챙기고 있다. 문 옆 침대에서 자니 이런 점은 좋았다. 배낭을 꾸리고 마지막으로 핸드폰 라이트를 켜고 침대에 빠뜨린 게 없는지 확인한 다음 숙소를 나선다.

엔트레 수에뇨스 호스텔 도미토리룸

6시 30분, 순례길 걸은 이후 가장 빠른 출발 시간이다. 가로등 불빛이 켜진 새벽의 로그로뇨 시내 거리가 예쁘다. 어제 밤늦게까

이른 아침의 로그로뇨 시내 모습

지 꽤나 사람들로 붐볐던 거리가 언제 그랬냐는 듯 고요하고 깨끗하다. 팜플로나에서도 느꼈던 점이지만 스페인 도심의 거리에서는 거의 쓰레기를 볼 수가 없다. 관광객과 순례자들이 많은 점을 고려하면 참 신기할 정도이다. 우리나라도 쓰레기 처리 시설물을 도로에 설치해서 아무 데나 쓰레기를 버리지 않도록 조처가 필요하다는 생각이 이 나라 도시의 새벽길을 걸을 때마다 든다.

오늘은 나헤라까지 걸을 생각이다. 거리는 어제와 비슷한 28km 구간. 안내도를 보니 완만한 오르막길이 벤토사 마을을 지날 때까지 이어진다. 나바레테까지 12km 구간에는 중간 마을이 없어 속도를 좀 내어 걸어야겠다.

도심을 벗어나자 싱그러운 자연 속의 오솔길이 이어지더니 금세 울창한 숲과 멀리 멋진 호수가 보이는 공원이 나타난다. 그라헤라 공원Grajera park으로 표시가 되어 있다. 오솔길 초입에서부터 씩씩하게 걷고 있는 두 명의 여성을 따라잡아 보려고 제법 속도를 내어 걷는데도 좀체 따라잡히지 않는다. 좀 더 가다 보니 까미노에서 보기 드문 독특한 차림새의 두 여성이 걷고 있다. 유럽 여성들과 동양 여성들의 걸음은 어른과 아이들의 걸음 차이다.

잠시 후 두 명의 동양 여성에게 가까이 다가가며 보니 일본 여성들이다. 혹시 아미 상? 하고 살짝 보니 아니다. 60대로 보이는 젊은 일본 할머니들이다. "오하이오 고자이마-스" 하고 일본어로 인사를 하니 반가워라 한다. 간단히 몇 마디 인사말을 주고받은 후 "부엔 까미노" 하고 부지런히 가던 길을 쫓아가는데 이미 유럽 여성 둘은 보이질 않는다.

일출 직전의 아침노을이 그라헤라 공원의 호수를 붉게 물들인다. 이 멋진 호수와 싱그러운 자연공원을 가진 로그로뇨를 제대로 누려보지 못하고 지나가는 게 아쉬울 따름이다. 어쩌랴, 나는 순례자일 뿐이고….

로그로뇨에서 나바레테 구간은 포도밭이 끝없이 펼쳐져 있다. 10월에 이곳을 지난다면 비상식량을 따로 준비할 필요도 없겠다. 지금은 나무 밑동만 연결되어 있는데 포도가 자라 넝쿨을 타고 열매 맺고 있는 모습을 상상하니 장관일 것 같다.

부지런히 걷다 보니 앞서 걸어가던 유럽 여성들이 보인다. 가까이 다가

그라헤라 공원

가서 "올라, 부에노스 디아스" 하고 인사를 건네며 보니 놀랍게도 60대 할머니들이다. 무릎까지만 오는 타이트한 반바지 차림에 배낭을 둘러멘 뒷모습은 분명 40대였는데….

여성들은 파리에서 살고 있고 둘은 자매라고 한다. 걸음이 무척 빠르다고 했더니 승용차를 없애고 걸어 다니면 이렇게 된다며 자기들끼리 마주보며 웃는다. 건강하고 멋있는 젊은 누님들이다. 파리지앵이란 말이 괜한 말은 아닌가 보다. 60대를 40대로 보고 죽기 살기로 쫓아오는 덜떨어진 인간이 있으니. '아무튼 젊은 파리지앵 누님들 멋져요!'

프랑스 자매들과 인사를 하고 다시 빠른 걸음으로 앞서 나간다. 이렇게 사람들과 잠시 이야기하며 걷다 헤어질 때면 본능적으로 걸음이 빨라진다. 몇 번 이런 만남과 헤어짐을 반복하다 보니 이런 방법도 재미있다. 인사하고 앞서 나가다 뒤처지면 창피하니까 계속 걷고, 그러다 새로운 사람

만나면 얘기하고 또 같이 걷고….

걸음도 사람도 그리고 자연도 늘 똑같다면 지겨워서 못 견디겠지. 새로운 사람을 만나고 또 매일매일 새로운 곳을 향해 간다. 그렇게 이 길을 재미있게 걸어보자. 아, 그런데 문제는 숨이 좀 차다는 거다.

이런저런 생각놀이를 하고 가는데 저만치 익숙한 품새의 느긋한 걸음걸이가 눈에 들어온다. 아하, 저 아가씨… K 양이다. K는 에스피날 아이세아 호스텔에서 저녁만찬 때 내 뒤 테이블에서 하이 톤으로 영어를 구사하던 경상도 아가씨이다.

그 뒤 비야바에서도 같은 알베르게에 었었다. 내가 다가서며 알은체를 하니 반가워라 한다. 어디서 몇 시에 출발했는데 이 시간에 여기에 있냐니까 로그로뇨에서 5시 반에 출발했다고 한다. 헐! 천리마 행군도 아니고… 벌써 4시간째 걷고 있는 거다.

K는 두툼한 안경테의 문학적인 자태에서도 살짝 느껴지긴 했지만, 천천히 사색하며 걷는 게 좋다고 한다. 물론 발가락의 물집 탓도 있을 터였다.

이런저런 가벼운 대화를 나누다 걸음걸이가 신경이 쓰였는지 자기는 그냥 버려두고(?) 가란다. 이래 봬도 그날 정한 목적지는 악착같이 찾아간다며. 그러고선 "내일 또 길에서 만나게 될 걸요…" 한다. 이유인즉, 항상 새벽에 일찍 나오기 때문에 10시쯤 되면 아는 얼굴들이 하나둘 자기를 지나쳐 간다고 한다. 그렇군. 길을 나서면 볼 수 있는 여자. 길녀 K 양이다.

13

따뜻했던 나도 알베르게의 한국인들

길은 포도밭을 따라 까마득하게 이어져 있다. 몇 킬로미터를 이 길을 걸었을까? 생각이 마른다. 머릿속의 생각이 마를 정도로 네 다리(스틱 포함)가 자동적으로 나의 몸을 이동시키고 있는 것 같다. 거기다 세 명의 건장한 유럽 아재들이 나를 앞서가며 스틱으로 흙먼지를 날린다.

'아, 정말, 스틱 좀 땅에 끌지 말자고요….'

유럽 아재들과 기 싸움을 하며 앞서거니 뒤서거니 하다 보니 어느 순간 서로 얘기해가면서 가게 된다. 독일 중년 남성들이다. 세 명이서 이렇게 자주 걷는다고 한다. 어쩐지 걸음이 장난 아니더라니. 그래도 이 아재들 덕분에 이 비포장 길을 빨리 벗어날 수 있었다. 멀리 나헤라가 보이는 지점에서부터는 마치 사막의 오아시스처럼 숲이 나온다.

12시 50분, 드디어 나헤라 시내로 접어들었다. 로그로뇨를 출발해서 꼬

나헤라 가는 길의 포도밭

박 6시간 동안 28km를 주파하듯 걸었다. 지금까지 가장 빠른 기록이다.

나헤라는 현대적인 친근한 느낌의 도시인 것 같다. 구글 내비를 켜서 까미노 앱에서 평가가 좋은 푸에르타 알베르게를 찍고 걸어가다 보니 나헤리야강을 건넌다. 알베르게는 다리 건너 강변에 위치해 있다. 나헤리야강 건너 붉은 황톳빛 단층의 멋진 산이 자리 잡고 있다.

푸에르타 알베르게에 도착하니 주인아주머니가 오늘 침대가 다 차서 입실이 안 된다고 한다. 아니 이제 1시 10분밖에 안 되었는데 무슨 말도 안 되는 소리인가? 여주인이 미안하다며 바로 가깝게 있는 니도 알베르게를 추천해준다. 할 수 없이 돌아서서 나오다 보니 로비 한쪽 끝에 며칠 전 푸엔테 알베르게에서 보았던 투어리더가 늘 하던 대로 노트북을 켜고 뭔가 작업을 하고 있다. 음, 저 친구가 계속 겹치는구나. 평가가 괜찮은 숙소를 미리 확보해두는 걸 보니 여행사 입장에서는 실력 있는 친구임이 틀림없는데, 덕분에 개별 순례자들이 선의의 피해를 보게 되네. 좋아, 그럼 나도 내일부턴 평가 좋은 알베르게는 미리 예약하고 간다.

순례길에서 주로 사용하는 정보 앱으로 '부엔 까미노'와 '까미노 필그림'이 있다. 각기 장단점이 있지만 개인적으로 부엔 까미노 앱을 선호하는 편이다. 숙소관련 정보도 충실한 편이고 무엇보다 전화번호를 그대로 누르면 바로 연결되는 점이 편리하다.

니도 알베르게는 푸에르타 알베르게 건물 옆 뒤편에 위치하고 있다. 1층에 전자레인지와 냉장고를 비롯한 주방시설을 갖추고 있고 식탁 테이블과 휴게 공간도 갖추고 있었다. 다만 마당이 없어 손빨래 말릴 공간이 없다. 대신 세탁기를 사용해서 빨래 건조까지 할 수 있다. 세탁기 하나당 사용료가 3유로인데 마침 같은 시간에 들어온 한국인 두 분과 함께 세탁기를 돌려서 1유로씩 나누었다. 전반적으로 깔끔하고 괜찮은 숙소다(10유로).

오늘은 숙소에서 저녁을 해결할 생각으로 시내 구경도 할 겸 다리 건너 에로스키까지 가서 장을 봐서 돌아왔다. 배도 고프고 목도 말라 장을 봐온 것들을 가지고 1층으로 내려가니 연세 있으신 한국인 부부가 오붓하게 음식을 들고 계시다가 나를 보더니 마침 잘 되었다며 드시던 닭다리 한쪽을 뜯어 주신다. 남편 되시는 김 선생님의 칠순 기념으로 산티아고 순례 중이시라 한다. 놀라운 일이다. 칠순에 아내와 함께 산티아고 순례라니…. 내가 너무 놀라워하자 김 선생님이 웃으시며 로마에서 신부님으로 있는 아들이

순례자를 위해 기도하시는 신부님. 나헤라 산타크루즈 성당

숙소며 여러 가지 필요한 것들을 원격으로 도와주고 있어서 큰 문제 없이 잘하고 있다 하신다. 그 부모에 그 자식이라고나 할까, 아무튼 존경스러운 분들이다. 두 분 덕분에 오랜만에 정겨운 식사를 함께 해서 감사했다.

저녁에는 인근 산타크루즈 성당에서 황 선생님과 대니 선생하고 같이 미사를 드리게 되었다. 60대 중반과 50대 후반인 이들은 같은 성당 분들로 은퇴 후 산티아고 순례를 함께 가기로 한 예전의 약속을 이번에 이루게 되었다 한다. 식당에서 올라오다 막 미사 드리러 나서는 두 분을 만나 따라나서게 되었다. 황 선생님이 미사 앱을 알려주셔서 미사에 도움이 되었다. 두 번째 드리다 보니 무슨 소린지 조금은 알 것도 같다. 그래도 여전히 내 귀에는 '예수 그리스도' '세뇨르 마리아'만 들린다.

미사가 끝나고 신부님은 순례자를 위한 축복기도를 한 사람씩 해주시고, 순례자들은 순례를 무사히 마치기 위한 염원을 담아서 벽에 매달린 종을 "땡그랑 땡그랑" 두 번 울리는 의식을 가졌다. 나헤라의 밤은 모처럼 한국 분들과 함께 성당에서 훌리한 시간으로 채워졌다.

14

함께 걷는 사람

나헤라-아소프라-씨루에냐-산토도밍고 데 칼사다 21.2km

어제에 이어 오늘도 6시 40분경에 길을 나선다. 어제 좀 무리해서 빨리 걸었는데도 몸 상태는 나쁘지 않다. 날씨는 약간 흐리고 어쩌면 비가 올 듯도 하다.

오늘은 한국 분들과 함께 출발한다. 황 선생님과 대니 선생은 오늘 산토도밍고까지 걷는다고 한다. 나는 아직 정하진 않았지만 좀 더 걸을 수 있으면 내친 김에 그라뇽까지 걸을까 한다.

새벽녘 가로등에 비친 산타마리아 광장의 약간 을씨년스러운 풍경을 뒤로하고 나헤라를 벗어난다. 어제 지겹도록 걸었던 먼지 폴폴 나던 길이 다시 나온다. 원래 이 시간이면 멋진 하늘을 보는데 오늘 아침 하늘은 온통 회색 구름으로 덮여 있다. 뭐, 이런 풍경도 나름 좋다. 비만 오지 않았으면

산토도밍고 가는 길

좋겠다.

황 선생님은 걸음이 거의 속보 수준이다. 내가 따라가기가 버거울 정도이다. 정년퇴직하고 특별히 할 일도 없고 해서 엄청 걸어 다녔다고 한다. "빨리 걷는 게 오히려 편해요" 하는 말 속에 왠지 쓸쓸함이 묻어 있다. 언제나 과묵한 표정에 꼭 필요할 때는 자상하게 알려주는 모습이 좋은 직장 상사같이 느껴지는 분이다.

일행인 대니 선생이 어디서부터인지 안 보여서 물어보니 발목 인대가 불편해서 천천히 걸어오고 있다고 한다. 단 둘이서 먼 순례길을 와서는 오히려 같이 걷지 못하는 현실이 좀 아이러니하다. 한 시간 남짓 걸어오니 멀찍이 아소프라 마을이 나타난다. 마을 골목 어귀에 있는 바의 야외 테이블에 순례자들의 모습이 보인다. 황 선생님은 여기서 아침을 해결하고 가자고 하신다. 어제 마트에서 오늘 아침 먹을 걸 완벽하게 준비해두었던 터라 나는 카페콘레째 한잔만 시키고 바게트를 꺼냈다. 그런 나의 모습을 보며 "어이구, 이 선생 준비 잘해 다니시네!" 한마디 하신다. '후후, 이렇게 되기까지는 적지 않은 시행착오가 있었다는 사실을 아실라나….'

조금 있으니 일행인 대니 선생이 판초우의를 둘러쓰고 바 안으로 들어온다. 그새 비가 한두 방울씩 내리기 시작했다. 생각보다 빨리 도착한 대니 선생에게 걷는 데 불편하지 않으시냐고 물으니 오늘은 좀 걸을 만하다고 한다. 대니 선생이 커피를 다 마실 때까지 기다렸다가 세 명이서 같이 바를 나섰다. 나는 그사이 판초우의를 꺼내 둘러쓰고 다음 목적지인 씨루에냐를 향해 걷기 시작했다. 광활한 들판을 가로지르는 붉은 황톳길이 끝없이 펼쳐지고 있다.

아소프라에서 씨루에냐까지는 9km가 넘는 거리인지라 중간에 푸드 스테이션을 차려놓고 혹시나 있을 허기진 순례자의 발길을 기다리기도 한다. 나중에 알게 된 사실이지만 내가 피레네에서 구조되었던 그 장소에서 위쪽으로 2km 정도 되는 지점에 푸드 트럭이 있었다.

지금 내게는 별 볼 일 없이 지나치는 저 작은 푸드 스테이션이 어떤 이에게는 허기를 채울 수 있는 오아시스가 될 수 있겠다 생각하니 새삼 저분들께 감사한 마음이 든다.

15

고독할 땐 고독한 사람 곁으로

씨루에냐 마을 입구에서 길을 잘못 들어 한참을 헤매다 왔던 길을 다시 내려오니 노란 화살표가 나타났다. 노란 화살표를 보면 안심이다. 비록 아직 갈 길은 멀어도 걱정할 필요가 없다. 산토도밍고의 모습이 보였다 안 보였다 하더니 내리막이 시작되는 지점에서 짠하고 나타난다. 늘 새로운 도시의 모습이 나타날 때면 반갑다. 오늘 이 도시에서는 어떤 시간을 가지게 될까? 기대와 약간의 설렘으로 발걸음이 빨라지는 건 자연스러운 현상이다.

산토도밍고 데 칼사다 도시 입구에서 화살표를 따라 가다 보니 대성당의 첨탑이 가까워지고 이어 오래된 건물들이 밀집한 골목으로 이어진다.

산토도밍고 대성당 길목에 위치하고 있는 산토 알베르게는 침대 수가

산토 알베르게

220개나 되는 대형 알베르게로 최근 리모델링이 되어 깔끔했다. 7유로의 저렴한 숙박비로 인해 로비에는 입실하는 순례객들로 붐볐다.

입실 절차를 끝내고 3층으로 침대를 배정받아 올라가면서 보니 2층에 넓은 주방 공간과 여러 개의 식탁들이 놓여 있다. 남녀 샤워 시설과 화장실 공간도 엄청 넓다. 한 가지 흠이라면 젖은 빨래를 말릴 장소가 없다는 점이다. 대신 알베르게 맞은편에 코인세탁소가 있다.

개인 정비를 끝내고 늘 하던 대로 장보기 겸 마실을 다녀와서 침대로 돌아와 보니 뜻밖에도 내 아래 침대에서 야마다 상이 짐을 풀고 있었다. 야마다 상은 론세스바예스 도착 날 만났던 일본 할아버지다. 72세의 고령에도 불구하고 혼자서 산티아고 순례를 하는 자체도 놀랍지만, 대충 봐도 10kg은 넘어 보이는 무거운 배낭을 짊어지고 피레네를 넘었다는 사실이 놀라웠었다. 코끝에 하얗게 말라붙은 콧물이 그날 이 할아버지의 고생을 대변해주는 것 같아 안쓰러운 마음에 택시 타는 걸 도와드렸었다.

야마다 상은 "오오, 쿠리스 상" 하며 집 나갔다 돌아온 아들을 맞듯 반가워 하신다. 순례길은 이렇듯 재회의 반가움이 있는 감동(?)의 현장이기도 하다.

이날 산토 알베르게에는 유난히 한국 사람들이 많았다. 라면 냄새와 닭 백숙 끓이는 냄새가 진동한다. 끼리끼리 모여 먹고 마시고 웃고 떠들며 행복해하는 사람들의 모습을 보니 문득 혼자 순례길을 걷고 있는 나의 모습이 더욱 초라하게 느껴진다. 뭐 하러 왔니, 이 먼 곳을 혼자서.

고독할 땐 고독한 사람 곁으로 가는 게 최선이다. 6시가 되어 야마다 상한테 저녁 어떻게 하실 거냐고 물으니 같이 내려가자고 한다. 아까 밖에서 와인 한 병 사 왔다며 같이 마시자고 해서 나도 바게트와 초리소 그리고

야마다 상과 일본인들

사과를 가지고 내려갔다. 그새 식당은 빈 테이블이 몇 개 없을 만큼 사람들이 많아졌다. 한국 단체 중에는 발카를로스길에서 만났던 분들이 많았다. 내게 사탕을 주셨던 분이 나를 발견하고 반가워하며 안부를 물어주신다. 그러면서도 은근히 주위 분들 눈치가 보이시는지 그쪽으로 오라는 말씀은 안 하신다.

황 선생님과 대니 선생도 식당에서 다시 만났다. 나보다 먼저 도착했었는데 방이 달라 여태 서로 못 봤었나 보다. 조금 있으니 일본 분들이 야마다 상에게 인사를 한다. 가만 보니 여성 두 분은 이틀 전 로그로뇨 숲길에서 봤던 분들이었다. 여성분들도 나를 알아보고 "크리스 상" 하며 반가워한다. 이분들하고는 진짜 잠깐 형식적인 인사만 하고 지나쳤었는데 기억해주시는 게 신기하기도 하고 고맙기도 하다. 일본 분들과 가벼운 대화를 주고받다 갑자기 아미 상 생각이 나서 혹시 만난 사람이 있는지 물었는데 아는 사람이 없다. 까미노에서 일본인들이 많은 편은 아니라서 도중에 봤으면 기억을 할 텐데….

일본인들은 저녁이라고 해야 기껏 샐러드에 파스타 정도이다. 뜻하지 않게 일본인 틈에서 별로 먹을 것 없는 허술한 저녁을 먹고 기념사진을 찍었다. 그런들 어떠하랴, 이 또한 즐겁지 아니한가.

16

그라뇽 가는 길

산토도밍고-그라뇽-레데시야 델 까미노-카스틸 델 카도-빌로리아 데 리오하-벨로라도-토산토스-비얌비스티아-비야프랑카 몬테스 데 오카 35km

델 산토 알베르게의 아침은 예상대로 몹시 분주했다. 6시에 깨어 짐 챙기고 씻고 하다 보니 7시가 가까워져 온다. 샤워장과 화장실에 사람들이 밀려 시간이 좀 걸렸다.

알베르게 옆 자판기 매장에서 카페 콘 레체 한잔을 뽑아 어제 슈퍼에서 사 온 빵과 함께 먹으며 오늘 목적지를 생각해본다. 표준 일정대로 가자면 오늘은 여기서 23km 걸어서 벨로라도까지 간다. 그런데 내일 구간이 오르막인 데다가 거리도 더 멀다.

그래, 오늘은 좀 더 걷자. 한국 단체 분들하고 일정이 겹치지 않기 위해서라도 오늘은 비야프랑카 몬테스까지 가는 걸로!

그라뇽 가는 길의 아침 햇살이 비치는 들판

토요일 이른 아침의 산토도밍고 시내는 한밤중처럼 고요하다. 오로지 길을 떠나는 순례자들의 모습만 보일 뿐. 해 뜨기 전 여명에 구름이 붉게 물들어 신비로운 분위기를 자아낸다. 스페인 사람들은 이른 아침 자기네 나라의 하늘이 이토록 아름답다는 걸 알까….

알베르게를 나와 조금 걷다 보니 금세 광활한 들판이 펼쳐진다. 아침 7

시의 순례길은 너무도 아름답다. 그런데 이 시간에는 의외로 길에 사람들이 많지 않다. 순례자들은 아침 일찍 출발하는 노장그룹과 아침을 먹고 느긋하게 출발하는 소장그룹으로 나뉜다. 물론 나이는 어리지만 걸음이 느려 일찍 출발하는 경우는 예외지만.

그런 면에서 나는 이도 저도 아닌 딱 그대로 중년. 후후… 까미노길에서도 낀 세대.

걷다 보면 또 오늘의 인연이 생기겠지. 안 생기면 혼자 계속 걷는 거고 또 혼자 순례자 정식 먹으면 되는 거지 뭐….

아무도 없는 길에 아까부터 초르르 초르르 소리를 내고 달리는 존재가 있다. 길을 따라 이어진 수로 위로 물살이 달음질치고 있다. 신기하다. 경사도 별로 없어 보이는데 물살이 어떻게 저렇게 빠를까. 물살을 따라잡아 보려고 공연히 속도를 내어 걸어보다 아서라, 오늘 갈 길이 멀다. 페이스 조절!

그렇게 수로를 따라 흐르는 물을 친구 삼아 걷노라니 드디어 앞쪽에 순례자의 모습이 보인다.

가까이 다가가서 보니 야마다 상이다. 그러잖아도 씻고 있는 사이 말도 없이 사라져서 서운했던 참인데 인사할 수 있게 되어 다행이었다. 야마다 상과 잠시 같이 걷다 오늘부터는 내가 많이 앞서가게 될 테니 또 보기는 어렵겠다 싶어 이메일 주소를 받아 적었다. 메일로 사진을 보내 드리기로 하고 "부엔 까미노, 야마다 상, 오겡키데" 작별 인사를 드리고 앞서 걷기 시작했다.

태양은 어느새 구름을 몰아내고 파란 하늘을 열었다. 그 아래 드넓게 펼쳐진 푸른 밀밭과 황토밭이 아름다운 색깔의 조화를 이루고 있다. 이토록 아름다운 들녘을 온종일 혼자 걸을 수 있다는 것은 분명 축복이리라. 이러한 축복을 좀 느긋이 즐겨보려 해도 발걸음은 자꾸 빨라진다. 처음에는 그 이유를 잘 몰랐다. 그냥 목적지에 빨리 가기 위해 자연스레 걸음이 빨라지는 거로만 생각했는데 어제 오늘 이 끝없이 펼쳐진 들판을 걷다 보니 왠지 자연에 압도된다는 느낌, 가도 가도 끝없는 길을 빨리 벗어나고 싶다는 본능 같은 게 작용하는 듯하다. 이제 구름이 사라지고 뜨거운 태양이 그 위력을 드러내기 전에 조금이라도 더 걸어두고자 하는 일종의 동물적 본능 같은 것이다.

그렇게 동물적으로 걷다 보니 또 앞쪽에 익숙한 걸음걸이로 걷는 여성이 보인다. K 양이다. 오늘도 어김없이 길 위에서 또 이렇게 보게 되었다. 언제나처럼 걸음은 느리지만 발랄한 표정의 경상도 아가씨. 그러고 보니 이 아가씨랑 사진을 한 번도 안 찍었네. 늘 천천히 걸으니까 아마도 또 보기 어렵겠다 싶어 셀카봉을 꺼내어 같이 사진을 찍었다. K 양과는 벌써 세 번째 보는 건데 혼자 꿋꿋이 걷고 있는 모습이 대견해 보이기도 하고 안쓰럽기도 하다. 내가 작별을 고하자 "아마 또 보게 될지도 몰라요" 하고 지난번과 같은 멘트를 한다. 나도 "그러길 바랄게요, 부엔 까미노" 하고 앞서 걸으며 속으로는 '아마도 그렇지 않을걸, 내가 오늘 상당히 멀리 갈 거란 말이지… 열심히 힘내서 잘 걷고 이 길에서 많은 걸 얻어 가시길…' 하고 속으로 작별 인사를 했다.

들판 길은 가벼운 오르막과 내리막을 반복하며 그라뇽 마을까지 이어졌다. 그라뇽은 작은 마을인데 마을 성당은 성처럼 견고한 담벼락으로 둘러싸여 있고, 성당 앞으로는 제법 넓은 광장이 있다. 모르긴 해도 중세 시대 이 마을은 꽤 큰 도시였던 것 같다.

골목길을 따라 마을의 끝 지점으로 오니 새로 시작되는 멋진 들판의 풍광을 사진에 담을 수 있는 포토 존이 마련되어 있다. 스페인의 5월 하늘과

그라뇽 마을의 포토 존에서 찍은 들판 풍경

들녘은 너무도 아름답다. 이 아름다운 계절에 그리고 오늘 같은 좋은 날씨에 이곳의 풍경을 담을 수 있어서 감사하다. 아침에 그라뇽 오는 길의 들판도 좋았지만, 아득히 먼 곳까지 선명하게 보이는 이 지점에서 파란 하늘과 녹색 들판의 조화는 너무도 아름다웠다.

전망대 옆 벤치에 앉아 배낭에서 비상식량과 어제부터 챙겨 다니기 시작한 오렌지 주스 팩을 꺼냈다. 오렌지 주스와 함께 먹으니 초리소를 끼운 딱딱한 바게트가 훨씬 부드럽게 넘어간다. 어제 씨루에냐 마을에서 비에 젖은 채 처마 밑에서 궁상을 떨며 먹을 때와는 완전히 다른 느낌이다. 혼자이어도 좋다. 지금 이대로라면.

눈앞에 다시 마을이 보인다. 레데시야 델 까미노Redecilla del Camino 마을이다. 그라뇽에서 4.5km 떨어진 작은 마을이다. 여기서부터는 부르고스

레데시아 마을의 까미노 성모 성당. 로마네스크 양식의 작은 시골 성당이다.

지역에 포함된다고 한다.

오래된 마을답게 입구의 건물들은 낡고 허술한 모습 그대로였다. 번번이 느끼는 거지만 여기 사람들은 게을러서 그런 건지 아니면 옛날 그대로 보존하기 위한 건지 잘 모르겠지만 외벽이 떨어져 나간 채로 사람이 살고 있는 경우를 흔히 볼 수 있다.

마을 안으로 조금 더 들어가니 마을 성당이 있다. 창이 별로 없이 벽돌로 둔탁하게 쌓아 올린 로마네스크 양식의 작은 시골 성당이다.

로마네스크 양식의 성당은 교도소를 연상시킨다. 그러고 보면 성당이나 교도소나 죄를 회개하고 거듭나게 하는 본질적인 기능은 같다고도 볼 수 있겠다. 물론 정도의 차이가 있지만.

17

길 위의 스승 1

파울로 코엘료가 묵었던 빌로리아 마을에서 잠시 쉬었다 에너지 바를 입에 오물거리고 마을을 벗어나고 있는데 앞서 걷고 있는 독특한 복장의 순례자의 모습이 눈에 들어온다. 빨간 모자에 옛날 순례자들이 입었을 법한 카키색 트렌치코트를 입고 봇짐 같은 작은 배낭을 멨다. 자그마한 키에 약간 구부정한 모습으로 느릿느릿 걷는 모습이 뒤에서 보기에 영락없는 노숙자 모양새다. 뒤에서 다가가 "올라" 하고 인사하니 힐긋 나를 쳐다보고선 "Good morning, You must be from South Korea" 하고 인사한다. 굵직한 목소리의 힘 있는 영국억양이다. 뒷모습으로 느꼈던 노숙자 느낌이 아닌 뭔가 포스가 느껴지는 이 노인의 이름은 피터라고 했다. 까미노에서 처음 만난 사람과 대화를 시작할 때는 대개 "이름이 뭐니? 어디서 왔니?"로 시작한다. 그러다 내가 Korea에서 왔다고 하면 다시 South? or

North? 하고 대화가 이어지곤 한다. 근데 이 양반은 바로 "사우스 코리아에서 온 거 맞지?" 하고 물어오니 "Yes"라고 할밖에. 그러더니 "왜 혼자 이 길을 걷고 있니?" 하고 바로 치고 들어온다. 허걱, 갑자기 한 방 맞은 기분으로 우물쭈물하다 그냥 "시간이 많아서요"라고 했더니 한바탕 호탕하게 웃고선 나를 힐끗 다시 쳐다보며 까미노는 처음이냐고 물어온다. 이렇게 시작된 피터 선생과의 대화는 3km 떨어진 다음 마을에 도착할 때까지 계속되었다.

피터 선생은 런던에서 살고 있고 직업은 화가라고 했다.

"평생 하고 싶은 일 하면서 돈도 많이 벌고 좋으시겠어요"라고 하니,

"그림 그리기 시작한 지는 그리 오래되지 않았고, 그림을 사주는 사람이 없어서 돈은 못 벌어, 그런데 말이야 크리스, 돈을 많이 벌면 행복할 거 같니?"라고 한다.

'앗, 괜히 말 꺼냈다가… 이 양반 조짐이 심상찮다.'

"나는 사실 집도 없고 차도 없어, 왜냐하면 필요를 못 느끼기 때문이야. 아무리 큰 저택에 넓은 정원도 여기만 하겠어? 자 봐, 이렇게 멋진 초원과 저 파란 하늘이 다 내 것인데 그 딴 게 뭐가 부럽겠니?" 피터 선생은 읊조리듯 얘기를 계속했다.

"아이들은 결혼해서 따로 살고 있고 마누라하고도 이혼한 지 몇 년 되었어. 이혼하고 처음 이 길을 걷기 시작하고부터 매년 이 길을 걸어. 이 길을 걸으면서 자유라는 걸 처음으로 느껴봤어. 아무것도 계획할 필요도 없

고 무엇을 해야 할지 고민하지 않아도 되고, 걷고 싶으면 걷고 쉬고 싶으면 쉬고, 그렇게 이 길 위에서 평화를 알게 되었지. 내일 우리 인생이 어떻게 될지 모르는 거야. 길 위에 저렇게 많은 돌멩이가 있잖니, 재수 없으면 저런 작은 돌멩이를 잘못 디뎌 넘어져서 죽을 수도 있는 거야. 그렇다고 저 수많은 돌멩이를 일일이 피해서 걸을 수는 없잖아?" 나에게 말은 하고 있었지만 내가 보기에는 스스로에게 하는 얘기 같아도 보였다. 나는 '그건 선생님 나이 정도 되시니까 그럴 수 있는 거죠, 그리고 아직 이혼당하지 않고도 나는 혼자 산티아고를 잘 걷고 있는데요…'라고 하고 싶은 걸 참았다. 그런데 피터 선생의 얼굴은 정말로 자유롭고 편안해 보였다. 노년에 가족도 없고 모아둔 재산도 없는 떠돌이 늙은이가 도인인 양 하는 것처럼은 느껴지지 않았다. 피터 선생이 내 나이를 묻기에 오십 중반이라 했더니 깜짝 놀란다. 믿기지 않는다는 말에 고글을 벗어 보이며 이제 인생 2막을 준비해야 하는 신세라고 하니 그제야 고개를 끄덕이며 "Right time for you doing Camino…까미노를 걷기에 좋은 때이군…" 한다.

이어 내가 "사실 이 길을 걷기 시작할 때는 하나님이 나에게 뭔가 메시지를 주실 거라는 기대가 있었는데 솔직히 잘 모르겠다. 당신처럼 평화를 누리지도 못하고 그저 들개처럼 들판을 걷다가 배고프면 먹다가 또 걷는다"라고 푸념 비슷하게 늘어놓으니,

"그게 바로 평화인 거야, 단순해지는 거지. 너는 지금 평화를 배우고 있는 거야. 아마도 너의 하나님은 너에게 그걸 주시고 있는 건데 네가 그걸 모를 뿐이야. 그렇지만 다들 처음엔 그래. 자기한테 주어진 게 뭔지를 잘

몰라. 나 역시 처음부터 평화로웠던 건 아냐. 그건 끝까지 이 길을 걷고 나면 알게 돼." 이렇게 말하는 피터 선생은 어느덧 정말 인자한 선생님의 얼굴을 하고 있었다. 처음에는 고리타분한 노인네

길 위의 스승 피터 선생

의 설교 정도로 여기며 건성으로 들었는데 듣다 보니 나도 왠지 마음이 편안해지는 듯하다.

'그래, 뭐 복잡하게 생각한다고 인생이 금방 어떻게 바뀌는 것도 아닐 바엔 이분 말대로 단순해질 필요가 있겠지….'

피터 선생은 다음 마을인 비야마요르에서 쉬었다 천천히 가겠다고 해서 이메일 주소를 받고 작별을 고했다. 작별 인사를 드리는 나의 태도가 처음 그를 봤을 때와는 사뭇 다르게 공손하게 바뀌어 있었다. 까미노의 스승 피터 선생, 부디 건강하시고 늘 평화로우시길….

18

가족은 나를 지탱하는 힘

길은 다시 들판으로 이어지고 이제 벨로라도까지는 5km를 앞두고 있다. 산토도밍고에서 출발한 사람들은 대부분 벨로라도까지 걷는데 오늘 나는 마음먹고 벨로라도에서 12km를 더 걷는다. 도로와 나란히 붙어 있는 길을 따라 한 시간 남짓 걷다 보니 드디어 벨로라도 시가지의 모습이 들어온다. 노란 화살표는 마을로 향하는 샛길을 가리키고 있지만, 그냥 국도를 따라 걸으며 먼발치로 벨로라도를 바라보며 지나갔다. 벨로라도를 벗어나기 전에 적당한 곳을 찾아서 용변도 보고 점심도 해결할 생각으로 걷고 있는데 도심이 거의 끝나는 지점(반대 방향에서 본다면 벨로라도 시내 초입) 도로에 인접한 벨로라도 호텔이라고 하는 작은 호텔이 나타났다. 우리나라 모텔 느낌의 호텔이다.

급한 대로 용변을 보고 카페 콘 레체 한잔을 시켜 1층 테라스로 나왔다. 햇볕이 참 따스하다. 먹다 남은 바게트를 꺼내 카페 콘 레체와 함께 먹고 있노라니 피터 선생이 느꼈던 평화가 이런 건가 하는 생각이 든다.

벨로라도 호텔(출처: wego.ly)

아내와 아이들 생각이 난다. 내일이 5월 5일, 딸아이 생일이다. 아빠 없이 생일을 보내게 될 고등학생 딸에게 미안한 마음을 담아 생일 축하 영상을 찍어 전송했다. 피터 선생과 걸으며 나누었던 대화가 머릿속을 맴돈다. 그는 내게 지금 평화를 배우는 중이라 했다. 생각해보면 내 마음속에 평화가 사라진 지가 무척 오래된 듯하다.

작년 10월 느닷없는 해촉 통보를 받고 적잖이 충격을 받았었다. 언젠가 올 것이라고 생각은 했지만 그렇듯 갑작스럽게 10년 동안 일구어왔던 나의 위치가 하루아침에 사라지게 될 줄은 몰랐다. 호텔리어 출신으로 10년 전 온라인 쇼핑몰에 합류하여 온라인 숙박사업 부문을 국내 1위로 성장시켰다는 자부심이 있었다. 최근 들어 자본과 기술력이 월등한 글로벌 온라인 여행사들의 파상공세에 성장세는 많이 둔화 되었지만, 그래도 업계에서는 나름대로 선전하고 있다는 평가를 받고 있던 터여서 충격이 컸었다. 그러나 내 마음속의 평화가 사라진 것은 그보다 훨씬 오래전부터였다. 조직 속에 있으면서도 왠지 몸에 맞지 않는 옷을 입고 있는 느낌이랄까, 와

닿지 않는 그들만의 대화에 끼어들지도 못한 채 그저 고개만 끄덕여야 하는 생활에 무기력감이 커지고 있었다. 그러는 동안에도 나를 지탱해준 것은 가족이다. 가장 가까운 대화 상대인 아내 덕분에 속에 있는 얘기들을 털어놓을 수 있었고, 아직도 아빠를 세상 제일 훌륭한 사람으로 철석같이 믿고 있는 아이들을 보며 마음을 다잡곤 했다.

그렇게 보면 피터 선생의 평화는 별로 부러울 것이 못 된다. 내 안의 평화를 위해 가족을 등지고 홀로 늙어가는 일은 내게 일어나지 않을 것이다. 가족은 때때로 나를 힘들게 하는 원인을 제공하기도 하지만 본질적으로 나와는 분리될 수 없는, 나를 지탱하는 힘이기 때문이다.

벨로라도 다음 마을인 토산토스로 가는 길은 우리나라의 시골길처럼 친근하다. 토산토스 마을에서 오늘의 목적지 비야프랑카 몬테스까지는 4km 남짓 되는데 그사이 다시 두 개의 마을을 지난다. 비얌비스티아Villambistia 마을은 길가에 오래된 성당의 고즈넉한 모습이 인상적이었다. 이어서 나타난 에스피노사 델 까미노Espinosa del Camino 마을 어귀에는 빨간 i30이 세워져 있다. 스페인에서는 우리나라 자동차가 흔하지만, 이런 산골에서 보니 더 반가웠다.

오르막이 끝나는 지점에 오래된 수도원 유적이 보이고 길은 멀리 마을로 이어지고 있다. 오늘의 목적지 비야프랑카 몬테스 데 오카 마을이다.

19

산 안톤 알베르게

비야프랑카 몬테스 데 오카 마을 가는 길

산티아고 교구 성당과 산 안톤 호텔 & 알베르게

오늘 투숙할 산 안톤 아바드 알베르게는 옛날 순례자들을 위한 병원이었던 건물을 호텔과 알베르게로 개조하여 영업하고 있다. 입구의 산티아고 교구 성당과 함께 전통과 품격이 느껴지는 멋진 곳이다.

순례길에서 제대로 호텔다운 호텔을 본 적이 없었는데 이곳은 특급호텔의 품격이 느껴진다. 로비에 들어서니 직원이 리셉션 데스크로 안내를 한다. 숙박비 9유로를 지불하고 체크인을 마친 후 여직원의 안내를 따라 호텔 뒤편 알베르게로 입실을 완료했다. 알베르게 시설 역시 훌륭하다. 침대 매트리스 두께가 20cm는 되어 보인다. 호텔에서 사용하는 것과 같은 제품을 사

산 안톤 알베르게 도미토리룸 침대 매트리스가 호텔급이다

세상에서 가장 행복한 빨래들

용하는 듯하다. 침대 프레임도 탄탄해서 2층 오르내릴 때 삐걱대지 않고 조용하다.

이곳의 특별한 장점 중의 하나는 바로 알베르게 뒤편의 언덕이다. 언덕에서 내려다보는 전망은 정말 일품이었다. 따사로운 햇볕과 언덕을 타고 오는 바람에 빨래들이 너풀너풀 춤을 춘다. 세상에서 가장 행복한 빨래들이다.

산 안톤 알베르게에서 조금 내리막길을 따라 가면 작은 가게가 있다. 내일 먹을 것들과 맥주 한 캔 그리고 오늘 아침에 빠뜨린 수건도 하나 샀다. 작지만 있을 건 다 있는 가게다.

뒷마당으로 나와 아직 덜 마른 윗옷을 머리에 둘러쓰고 의자에 앉았다. 맥주를 따서 한 모금을 들이키니 오늘 하루가 아득하게 다가온다. 행복하다. 나도 저 빨래들처럼.

아침 7시에 나와서 35km를 걸어 비야프랑카 몬테스 데 오카에 오기까지 9개의 마을을 거쳤다. 순례길 시작하고 가장 많이 걸었고, 가장 많은 마을을 거쳤으며, 또 가장 많은 사람과 만나고 헤어진 긴 하루였다.

저녁은 오랜만에 순례자 정식을 먹기로 하고 호텔 식당으로 내려갔다. 은근히 기대된다. 호텔 식당이지만 손님들은 대부분 순례자 같아 보였다. 여종업원이 한 명이냐고 묻더니 한국인 혼자 앉아 있는 테이블에 합석을 시킨다. 테이블에는 검게 탄 얼굴에 시꺼먼 구레나룻이 무성한 남성이 빵을 뜯고 있다. 나는 속으로 '오늘은 혼자 먹어도 좋을 것 같은데 굳이…' 하는 생각이 들었지만, 웃으며 "반갑습니다, 알아서 한국 사람끼리 같이 앉히네요" 하고 말을 붙였다. 그러자 구레나룻 친구는 퉁명스럽게 "네…" 하고는 빵을 뜯어 와인을 꼴깍 삼킨다.

'뭐지, 이 친구. 기분 나쁜 건가….' 내가 앉고 싶어 같이 앉은 것도 아닌데. 소심 병이 도질락 말락, 여태 좋았던 기분이 살짝 상할락 말락 하는데 여종업원이 다가와 메뉴를 선택하라고 한다. 첫 번째 메뉴는 수프를 시키고 싶긴 했지만 어떨지 몰라 안전한 샐러드를 시키고 메인 역시 무난한 로스트미트(돼지 목심구이)로 주문했다. 그사이 구레나룻 아저씨도 나랑 같은 걸 시켰는지 샐러드가 도착했다. 간단히 통성명한 후 한동안 우리는 각자의 음식에 충실했다. 말수가 지독히도 없는 처음 보는 사람과 앉아서 기분 좋게 음식을 먹기는 쉽지 않은 일인지라, 나 역시 말주변은 없지만 불편한 게 더 싫어 말을 자꾸 붙였다. 나이 먹은 게 죄지 뭐…. 성만 기억이 나서 박, 직업이 디렉터라고 했는데 스튜디오에서 작품 활동을 한다고 했다. 뭔 소린지 모르겠지만 인테리어 쪽은 아니고 아트 쪽이 맞는 것 같았다. 그래서 그를 박 감독으로 기억한다. 박 감독은 어쩌다 한마디 하고는 습관처럼 와인을 마신다. 나처럼 혼자 걷고 있고, 산티아고 순례길은 삶에서 영감을 얻기 위해 오래전부터 생각했었다 한다. 나이를 물어보지는 않았지만 박 감독 스스로 나보다 한참 어리다는 사실을 인지한 듯 헤어질 때는 자기 나름 공손하게, 어색한 웃음까지 지으며 인사한다. 한 시간 만에 처음으로 보는 웃음이었다.

무릇 사람은 불편할수록 그것을 피하려 하기보다는 조금 용기를 내어 다가가면 의외로 기분이 좋아지는 경우가 종종 있다. 오늘도 그러한 경우인 듯하다.

식사를 마치고 식당을 나오려는데 코너 쪽 테이블에서 익숙한 목소리의 미국 영어가 들려 돌아보니 마이클이었다. 함께 있는 여성은 처음 보는 얼굴이다. '녀석 참!' 혼잣말이 절로 나온다. 자리에서 일어나다 녀석과 눈이 마주쳐서 자연스럽게 "하이, 마이클!" 하니 녀석도 "하이, 크리스" 하고 인사한다. 아무런 기대감이 없는 습관적인 인사로 "See you!" 하고 객실로 올라왔다. 그런 거지 뭐, 까미노에서….

20

스페인 북쪽 산길에서 본 장승

비야프랑카 몬테스 데 오카-산 후안 데 오르데카-아헤스-아타푸에르카-카르네뉴엘라 리오피코-부르고스 40km+

훌륭한 시설과 역대 알베르게 최고의 두꺼운 매트리스에서 당연히 푸욱 숙면을 취했어야 했는데 그렇지 못했다. 건너편 침대에서 스페인 아가씨 둘이서 밤늦게까지 속닥이는 바람에 잠을 설친 것 같다. 6시에 눈을 떴는데 몸은 찌뿌둥하고 눈꺼풀은 무겁다. 그러나 어쩌랴, 오늘도 걸어야 하는 순례자의 숙명인 것을.

침대에서 미적거리다 씻고 배낭을 챙겨 길을 나서니 벌써 시간은 7시를 향하고 있다.

아침 공기는 정말 상쾌하다. 이곳은 해발 고도가 1,000미터 정도 되니까 한라산 중턱이라고 보면 되겠다. 오늘의 목적지인 부르고스까지는 40km를 넘게 걸어야 하는데 오전에 오르막을 두세 차례 지난다. 만만찮은 하루

비야프랑카 몬테스 데 오카 언덕의 일출

가 될 것이므로 마음을 단단히 먹어본다.

산 안톤 호텔 뒤뜰의 옆문으로 나오자 곧바로 가파른 오르막길이 시작되고 10분 정도 걸으니 아침 해가 솟아오른다. 몸을 돌려 언덕 아래를 보니 장엄한 풍광이 펼쳐진다.

이 멋진 풍광을 좀 더 즐기고 싶지만, 눈앞에 오르막길이 놓여 있어 가던 걸음을 계속한다. 여기 오카산의 정상은 1,200미터로 표시되어 있다. 정상까지가 대략 여기서 3km이니 그렇게 가파른 길은 아닐 것이다. 등산을 자주 하지는 않지만 해발고도가 1,000미터 정도 되니까 공기와 기온 그리고 나무들의 모양이 확실히 다른 것을 느낄 수가 있다. 피레네 이후 오랜만에 맛보는 고산지대의 풍광을 즐겨보자. 가파른 오르막길을 30분 정도 걷고 나니 완만한 오르막으로 바뀌고 어느덧 숲의 모습도 활엽수에서 침엽수림으로 바뀌어져 있다. 아침 이른 시간에 1,200미터 고지를 걷는 기분이 참 좋다.

태양이 점점 중천으로 이동하며 길바닥에 긴 그림자를 드리운다. 길 한가운데 돌무더기로 표시해둔 화살표 옆으로 내 그림자가 나란히 서 있다. 그래, 너는 지금 향해 가고 있는 곳이 있단다. 이렇게 선명하게 내 앞으로 드리워진 그림자를 대할 기회가 별로 없었던 것 같다. 실제 나의 모습과는 거리가 있는 모습이지만 어찌 보면 실제보다 더 나아 보이기도 한다.

서양 우화에 그림자를 판 사람의 이야기를 들은 기억이 난다. 여기에서 그림자는 그 사람의 영혼을 상징하고 악마에게 그림자를 판 사람은 나중에 자신이 영혼을 판 것을 깨닫고 신의 도움으로 영혼을 지킨다는 내용이다. 이렇듯 그림자밖에 없는 길을 걸으니 그동안 인식하지 못했던 그림자도 내 친구인 양 아니면 정말 나의 영혼인 양 여겨진다. 고맙다 그림자야, 네가 있어줘서.

평평한 길로 좀 걸어가다 보니 통나무 벤치가 여러 개 만들어져 있고 주

오카 언덕길의 화살표와 내 그림자

변에 우리나라 장승을 닮은 나무로 만든 조각 작품들이 있다. 토테미즘 작품들이다. 조금 더 가니 인디언으로 보이는 한 남자의 작업대가 나온다. 어떻게 된 사연인지는 모르겠지만 여기 세워져 있는 것들이 필시 저 사람의 작품인 듯하다. 스페인 북부의 어느 산꼭대기에서 우리나라 장승의 사촌들을 보게 될 줄 누가 알았겠는가. 언젠가는 오지랖 넓은 한국인이 저 장승에다 '천하대장군' 글귀를 새겨놓을지도 모를 일이다.

나무 조각 작품들이 있는 장소를 지나 앞서 걷고 있는 순례자를 막 앞지르며 으레 "올라" 하고 인사하고 보니 낯익은 얼굴이다. 그래 맞아, '폴.' 캘리포니아에서 한국인 보스 밑에서 일한다는 그 친구. 폴도 내 이름을 기억하고 "Chris, right? I remember your stick" 한다. '그래 맞아, 로스 아르코스에서 이 봉걸레를 주워서 짚고 가던 날 이 친구를 만났었지. 그래 네 눈

오카산의 장승

에도 이게 좀 없어 보이기는 했을 거다….'

오늘 두 시간 가까이 산길을 걸으면서 처음 만난 사람이 폴이라니 참 반갑기도 하고 신기한 생각이 든다.

폴한테 내가 "어떻게 된 거야? 너 되게 천천히 걷지 않았니?" 하니

폴이 "응, 회사 출근일이 좀 당겨졌어. 까미노를 일찍 끝내야 해서 조금 빨리 걸었지." "오늘 웬만하면 부르고스까지 걷고 내일 레온으로 바로 버스 타고 갈려고 해"라고 한다.

잠시 쉬는 동안 양말을 벗은 그의 왼발 발가락들이 전부 밴드로 감싸져 있다. 오늘 부르고스까지는 멀고 힘든 길인데 그 발로 괜찮겠냐고 했더니

"가다 정 힘들면 그 전 마을에서 묵고 가야지 뭐" 하며 씩 웃는다.

그래 이 친구 처음 봤던 날도 저렇게 웃었었지… 그때 이 친구에 대한 느낌이 좋아 좀 더 같이 걸으며 대화도 하고 싶었는데 그러지 못해 아쉬웠던 기억이 떠올랐다.

21

미리 알았더라면 더 좋았을 마을 이야기

폴과 이런저런 얘기하며 걷다 보니 산 후안 데 오르데카San juan de Ortega 마을에 도착했다.

이 마을은 수도원 성당 내부의 수태고지(천사 가브리엘이 마리아에게 예수님의 잉태를 알림) 관련 조각상들로 유명하다.

산티아고 순례길을 준비하는 분들 중에는 각종 안내서를 통해 이 길에서 만나게 되는 지역과 성당이나 건축물들에 대한 사전 지식이 있는 분들이 많을 것이다. 그러나 고백하자면 나는 그다지 그런 것들에 대한 흥미가 크지 않았다. 오르데카 마을에 도착해서도 으레 수도원 외관을 찍고 지나가려는 나와는 달리 폴은 잠겨 있는 성당 내부를 한참 동안 들여다보고 있었다.

그 모습이 이상해서 내가 다가서니 폴이 성당 내부의 조각상들을 가리키며 외벽의 아치를 통해 들어오는 빛이 저곳을 차례대로 비추는 현상에 대해 설명했다. 그땐 완벽히 이해하지 못했던 것을 뒤에 '부엔 까미노 앱'의 설명을 통해 알게 된 내용은 이렇다.

성당 내부에 수태고지 관련 조각 작품들은 예수의 잉태를 알리는 가브리엘 천사, 마리아, 그리고 예수 탄생과 이 사실을 알리는 동방박사들인데 외부로부터 들어오는 빛이 순서대로 이 조각상들을 비춘다. 특히 밤과 낮의 길이가 같은 춘분과 추분에는 마리아상에 빛이 집중된다고 한다(자료: 까미노 코레아Camino Corea.org 및 어플리케이션 Buen Camino).

뭐든 알고 보면 재미도 있고 또 의미도 있는 것 같다. 산 후안 데 오르데카 수도원 성당의 '빛의 기적'이라고 일컬어지는 현상을 직접 체험해보는 것도 다음번 순례길의 버킷리스트로 넣어두기로 한다.

고원 지역의 멋진 정취가 한없이 펼쳐지는 가운데 길은 계속되고 있다. 서로 닮은 두 그루의 나무가 처음에는 30~40미터 정도의 거리를 두고 나란히 서 있는 곳을 지나고 얼마 안 있어 똑같이 생긴 나무 두 그루가 이번에는 붙어 있다. 마치 일부러 심어놓은 것처럼. 만약 부부가 이곳을 지난다면 서로의 마음의 거리를 돌아보는 좋은 계기가 될 듯하다.

11시 40분경에 우리는 오르데카 다음 마을인 아헤스Ages에 도착해서 입구의 알베르게 바에서 오렌지 주스와 보카디요를 주문하고 바깥 테이블에 앉았다. 이 마을의 느낌도 참 좋다. 이렇게 햇살이 좋은 날 특히 고원지대의 시골마을은 평화롭기 그지없다.

처음 우리는 이랬지만

지금 우리는 이래요

아헤스 마을에서부터 길은 포장도로로 변해 있다. 1차선 도로이긴 하지만 멀리 하늘과 맞닿은 포장도로의 모습도 그 나름 멋지다. 조금 걸어가자니 길의 끝에 다시 마을이 나타난다. 고원지대의 또 다른 마을 아타푸에르카Atapuerca이다. 마을 입구에 원시인류의 그림이 그려져 있다. 나중에 알고 보니 이 마을은 유네스코 세계문화유산에 등재된 세계적으로 가장 오래된 유인원인 호모안테세소르의 유골이 발견된 곳이라 한다. 이는 약 80만 년 전 인류의 조상으로 우리가 중학교 때 배웠던 최초의 원시인류 네안데르탈인보다 약 40만 년이 앞선다. 우리나라의 구석기 유적지가 있는 연천군 전곡리에서 주최한 구석기 축제에도 아타푸에르카 유적 전시회가 열리기도 할 만큼 우리나라 연천군과도 관계를 맺고 있는 마을이다(자료, 연천군민신문, 2013).

미리 알았더라면 이 마을을 그냥 지나치지 않았을 것이다. 마을 사람들도 분명 '연천 코레아' 하며 반가워했을 텐데 아쉽다.

마을을 지나 까미노는 고원지대로 다시 이어지는데 바닥이 온통 돌밭이다. 마치 트랙터로 감자밭을 갈아엎은 듯 흙 속에 엄청나게 많은 돌들이 촘촘히 박혀 있다. 구석기 시대에는 이곳이 무기도 만들고 생활에 필요한 도구들도 만들어내는 공장이었을 수도 있겠다 싶다.

10분쯤 더 걸어가니 고원지대가 끝나며 까마득히 멀리 부르고스까지 보이는 광대한 파노라마 전망이 펼쳐진다. 산을 오르고 정상에서 보는 전망은 으레 그러려니 하는데, 이렇듯 평지를 걷다가 문득 발아래 펼쳐지는 전망의 느낌은 또 다르다. 마치 지금까지 살아왔던 세상과 또 다른 세상을 보는 생각이 든다.

땅 끝에 음각형태로 스페인어 문장을 파놓은 철제구조물이 세워져 있다. 쓰인 글귀를 구글번역으로 돌려보니 '순례자가 부르게테에서 나바로

오카산 풍광의 감상을 새긴 구조물

산을 정복하고 스페인의 광대한 들판을 본 이후에는 이와 같이 아름다운 전망을 보지 못하였다' 이렇게 나온다. 부르게테의 나바로산, 즉 피레네산맥에서 스페인 들판을 보았을 때의 전망에 버금가는 멋진 전망이란 의미로 읽힌다. 피레네산맥을 두 번에 걸쳐 넘어왔던 나로서는 이 글귀에 전적으로 동감한다.

22

멀고 먼 부르고스

내리막길이 시작되자 폴은 발가락에 무리가 가는지 힘들어한다. 뒤에 따라오던 폴이 나를 부르더니 자기 신경 쓰지 말고 먼저 가라고 한다. 아무래도 부르고스까지는 무리일 거 같아 다음 마을에서 묵을 생각이란다. 아쉽지만 폴과 부르고스에서 보기로 하고 나는 앞서 걷기 시작했다. 한 시간쯤 지나 부르고스 전 마을인 카르데뉴엘라 리오피코Cardenuela Riopico 마을에 도착했다. 아직 부르고스까지는 15km를 더 가야 하는데 벌써 두 시가 넘었다. 부르고스는 지금까지 지나온 도시들 중에서 가장 큰 도시이다. 더욱이 걸어서 진입하는 길이 몹시 지루하다는 얘기를 들었던 터라 마음은 좀 불안하다. 일단 휴식을 좀 취하기 위해 마을 어귀 공터에 배낭을 내리고 에너지바를 꺼내어 물었다. 그러는 사이 어디서 나타났는지 고양이 한 마리가 바짝 다가온다. 녀석 참 잘생겼다. 에너지바를 조금 잘라서 주니 입만 대다 말고 나를 다시 쳐다본다. 뭐냐, 너…? 아하! 그제야 배낭 안에 바게트에 끼워 먹다 남은 초리소가 생각났다. 사실 이 초리소는 절대 맛있어서 먹는 게 아니다. 피레네산맥을 이틀 만에 넘으며 터득한 진리는 걷는 자는 고기를 먹어야 한다는 것이었다. 처음에는 이것을 바게트에 끼워 먹지 않고 그냥 베어 우걱우걱 씹어 먹었다. 특유의 비릿한 냄새가 역겨웠지만 몸을 위해서 씹어서 삼켰다. 그때의 짐승이 된 느낌이란….

그렇구나, 저 야옹이 녀석이 초리소가 내 배낭 안에 있다는 걸 아는 게야. 배낭에 손을 넣고 부스럭거리자 이 녀석의 눈빛이 빛나더니 벤치 위로 폴짝 뛰어오른다.

'어어! 너무 가까이 오고 그러는 거 아니야….'

초리소 한 덩이를 떼서 던져 주니 마치 살아 있는 먹이를 사냥이라도 하

카르데뉴엘라 마을의 고양이

듯 맹수의 포스로 낚아챈다. 그러고는 냉큼 다시 와서 '뭐 해, 더 꺼내봐!' 하는 얼굴로 빤히 쳐다본다. 이 녀석하고 한참을 그렇게 놀다 정신 차리고 다시 걸음을 재촉한다. 기다려 부르고스!

카르데뉴엘라 리오피코 마을에서 부르고스까지는 한마디로 악몽이었다. 모르긴 해도 부르고스 시장은 프랑스 길을 한 번도 걸어보지 않은 듯하다. 부르고스 외곽에서 시내 진입하는 동안 길을 잃어 엄청 헤맸다. 카르데뉴엘라 마을 진입 전에 높은 지역에서 볼 때 부르고스 시내가 멀리 보였다. 보통 높은 데서 봐서 가시거리에 들어오는 지점은 대략 10km 정도 된다고 한다. 그랬던 것이 마을에 진입하면서부터는 지형이 낮아져서 도시가 시야에서 사라지고 화살표에 의존해야 했는데 화살표가 눈에 띄지 않는다. 결국 부르고스로 향하는 진입로를 잃어버리고 드넓은 논바닥을 헤매게 되었다.

'아! 내게 스페인 농부로 인생 2막을 시작하라는 건가?'

걸어도 걸어도 끝이 없는 퍽퍽한 논두렁길을 잡초를 헤쳐가며 걷고 있다 보니 화가 난다. 구글 내비를 켜고 방향을 다시 잡아도 계속 길이 철망으로 막혀 있다. 부르고스 공항이 부르고스 시내로 바로 이어지는 길을 막고 있었다.

가까스로 부르고스 인근 카스타나레스 마을에 도착해서 공원 벤치에 앉아 쉬다 보니 조금 떨어진 레스토랑 야외 테이블에 사람들이 앉아 있다. 혹시 알베르게일지도 모른다는 생각이 들어서 가서 물어보니 아니라고 한다. 이 마을에는 호텔은 있는데 알베르게를 이용하려면 부르고스까지 가라고, 하나 마나 한 소리를 그 나름 친절하게 알려준다.

별수 없이 좀 더 쉬었다 다시 힘을 내어 걸을 수밖에. 도로 길을 따라 계속 걸어가니 공원이 나타난다. 참 어마어마하게 큰 공원이다. 한 시간가량을 걷는데 거의 중간에 끊어지는듯하다가 공원이 다시 이어지고 있었다. 부르고스는 정말 자연친화적인 도시인 거 같다.

도심에 도착해서도 한참을 걸어 로스 코보스 뮤니시플 알베르게에 도착하니 오후 6시 정각이다. 비야프랑카 산 안톤 알베르게에서부터 장장 11시간. 내 생애 하루 동안 가장 많이 걸은 날이다. 1층 카운터에서 숙박비 5유로를 지불하고 올라와 보니 엄청 큰 도미토리인데 내 침대는 출입문 바로 앞이다. 문짝 상태가 좋지 않은지 사람이 들고 날 때 끼이익 하고 소음이 난다. 잠시 망설이다 데스크로 내려가서 문짝 소리 때문에 침대를 바꾸어달라고 했더니 나이 지긋하신 봉사자분이 기다려보라 한다.

그렇게 데스크 입구에 서 있는데 초췌한 몰골을 하고 폴이 불쑥 들어온다.

"아니, 이게 어떻게 된 거야?"

깜짝 놀란 나는 "폴" 하며 나도 모르게 이 친구를 와락 감싸 안았다.

침대 배정을 다시 받고 폴과 함께 도미토리로 다시 올라와서 배낭을 풀었다. 폴한테 어떻게 된 거냐고 물었더니 중간에 마음이 바뀌어 그냥 계속 걸었단다. 도중에 카르데뉴엘라 마을을 지나며 앞서 걷고 있는 나를 먼발치로 보며 따라왔었는데 어디서부턴가 내가 안 보였다는 것이다. 그랬었구나, 그때 고양이하고 조금 더 놀았더라면 거기서 폴을 만났을 텐데…. 아무튼, 길을 잃고 헤맸던 나나 제대로 왔던 폴이나 도긴개긴, 부르고스는 쉽게 그 품을 우리에게 허락하지 않았던 것이다.

23

소울메이트 폴

부르고스 성당은 정말 화려하다. 지금까지 본 스페인 성당들은 주로 묵직하고 위엄 있는 로마네스크 양식으로 거의 비슷비슷했던 것 같다. 그런데 부르고스 성당을 직접 보았을 때의 그 화려하고 아름다운 모습에는 탄성이 절로 나왔다. 정말 아름다운 것은 누가 봐도 아름답게 보이기 마련인가 보다. 성당의 외관에 대해서는 별 관심이 없는 나 같은 사람의 눈에도 이렇게 멋져 보이니 말이다.

폴과 나는 함께 성당 예배를 마치고 조금 늦은 저녁을 먹기 위해 거리로 나왔다. 일요일 저녁 부르고스 성당 앞은 여태까지 스페인에서 볼 수 없었던 인파로 넘쳐났다. 우리 옆에서 예배드리던 스페인 아주머니 두 분과 함께 폴이 스페인어로 얘기하면서 함께 가게 되었는데 폴이 이 근처 괜찮은 식당을 물어본다. 의외로 그들 중 한 분이 직접 안내까지 해준다. 폴에 의

스페인 순대 튀김 뽀띠요

하면 싸고 맛있는 집이라고 추천해 주셨다 한다. 부르고스 성당 앞 광장에서 식당가 골목으로 10분 정도 들어온 위치에 있는 엘 모리토 레스토랑이다. 1층은 공간이 좁았고 2층에 테이블이 더 많았다. 이 가게에서 폴이 전에 만난 적이 있는 한국인 부부와 미국 유학생 청년을 만나 반갑게 인사를 한다. 한국인 부부가 이 집 순대 맛있다고 적극 추천한다.

'엉, 순대? 아니 스페인에서 순대를 판다고….'

부부는 식사를 마치고 나가는 길이었고 청년은 혼자 바에 앉아서 막 주문을 하려다 폴을 만났다. 청년의 이름은 인호라고 했다. 이번에 미국 대학 졸업 후 한국 기업으로 입사가 결정되었다 한다. 꿀 같은 휴식기에 산티아고 순례길을 선택한 인호가 참 대견하다는 생각이 들었다. 우리 셋은 이층에서 자리를 잡고 생맥주 3잔과 음식 몇 가지를 시켰다. 궁금했던 스페인 순대는 보티요botillo라고 하는데 순대에 양념을 해서 튀긴 음식이다. 음식들은 맛도 있고 푸짐해서 맥주나 와인과 함께 하기에 좋았다.

11시간을 걸어 힘들게 입성한 부르고스, 이 도시에서의 저녁을 이렇게 멋진 친구들과 함께 보낼 거라고는 상상하지 못했다. 아름다운 도시 부르고스에서 잊지 못할 행복한 시간을 보내고 있다. 내일은 늦게까지 푹 자고 이 도시에서 하루 더 머물렀다 가자.

아침 햇살에 빛나는 부르고스 성당

아침에 눈을 뜨고 스마트폰을 보니 벌써 7시 30분이다. 새벽에 두어 번 뒤척이다 다시 잠이 들었는데 완전 꿀잠을 잤다. 순례자들은 그새 많이들 떠났고 일부는 지금 배낭을 꾸리고 막 나가는 중이었다. 폴이 있던 침대도 비어 있다. 오늘 레온까지 버스 타고 간다더니 벌써 나간 모양이다. 오늘 부르고스에서 하루 더 머무를 생각에 느긋하게 씻고 나오니 자원봉사자분이 올라와서 빨리 안 나가고 뭐 하냐고 성화다. 8시까지는 반드시 나가라고 거의 고함치듯 하고 간다. 아직 10분 전인데도 소리를 질러대니 이건 뭐 영락없는 부랑자 취급이다.

다들 빠져나간 빈 침대에 하얀 시트들이 어질러져 있는 걸 보니 휑한 느낌이 들며 갑자기 서글퍼진다. 배낭을 둘러메고 부르고스 대성당 광장으로 걸어 나왔다. 월요일인데도 이른 아침의 부르고스 광장에는 배낭을 멘 순례자들이 곳곳에서 사진을 찍고 있고 일반인들의 분주한 모습은 보이지 않는다. 아침 햇살을 받은 성당의 첨탑들이 마치 커다란 왕관처럼 빛난다.

한참을 그렇게 부르고스 대성당의 멋진 모습을 감상하다가 아침을 먹기 위해 성당 맞은편 건물 쪽으로 슬슬 걸어 나왔다. 마침 가까운 곳에 카페가 있어서 들어갔더니 뜻밖에도 폴이 혼자 앉아 있다. 그러잖아도 가는 걸 못 봐서 서운했었는데 또 이렇게 만나게 되는구나. 정말 이 친구하고는 인연이 있나 보다. 폴도 나를 보더니 기가 막히는지 그냥 웃고만 있다. 어제는 너무 피곤해서 저녁 먹고 와서 어떻게 잠들었는지 제대로 기억도 나지 않는다.

커피와 크루아상을 시켜 먹으며 "너 떠나기 전에 보고 가라고 하나님이 나를 이 카페로 보냈나 보다"라고 진심을 섞은 농담을 건넸다. 폴은 어제 잠자기 전에 내게 미리 작별 인사를 하려고 보니 내가 벌써 잠들었더라고 한다. 그렇게 된 거였구나….

호텔리어 출신으로 영어를 평생 사용해왔다고는 해도 외국인 친구 하나 없는 나의 영어 실력은 외국인과 한 시간 정도 대화를 간신히 버틸 수 있는 수준이다. 사실 대화라는 게 그만큼 마음을 열고 다가가야 이어지는 건데 폴은 그런 면에서 탁월한 대화 상대이다. 큰 눈을 껌뻑거리며 내 얘기를 가만히 듣다가도 호기심이 발동하면 이것저것 물어보는 것도 많다. 그런가 하면 내가 중간에 카톡으로 아내에게 문자를 보내는 걸 보고 아내의 이름을 묻기도 하고 어떤 사람이냐고 궁금해하기도 한다. 나이가 나보다

10살이나 어린데도 친구 같고, 형 같기도 하다. 그래서 아쉽다. 이 친구 폴, 좀 더 함께 걷고 싶은데….

우리 둘은 마지막으로 악수와 포옹을 나눈 후 폴이 먼저 버스정류장으로 향했다. 폴이 어젯밤 내 머리맡에 있던 일기장 속에 끼워둔 엽서를 발견한 건 이날 밤 카사 엠마우스에서였다.

크리스!
남은 까미노 여정도 멋지게 보내길 바랄게. 네가 산티아고까지 무사히 완주할 걸 믿어. 많이 걷고 많이 듣고 얘기하고 먹고 사진 찍고 생각하고 느끼고… 내가 그랬던 것처럼, 너도 그러길 바랄게. 혹시 못 보더라도 나머지 까미노 동안 마음으로나마 너와 함께 걸을게.

– Big hug. 폴

한 사람이 한 사람의 영혼에 깊이 새겨지는 데는 그다지 오랜 시간이 필요치는 않은 것 같다.

폴이라는 친구를 만나서 같이 걸었던 어제 부르고스 길은 남은 일생 동안 내 영혼 깊숙이 자리하게 될 것이다.

24

엠마오 마을의 저녁식사

카사 엠마우스 정문에서 본 건물 모습은 근대 박물관 같아 보였다. 건물 외벽에서 세월의 흔적이 읽히는 이 건물은 정면의 필로티를 받치고 있는 네 게의 기둥이 전체 건물 규모에 비해 웅장해 보인다. 정문은 닫혀 있었는데 알베르게 이용자는 뒷문을 이용하도록 안내문이 붙어 있다.

뒤로 돌아가 보니 작은 입구가 보인다. 그런데 입구 벽면에 부르고스에서 이미 1박을 한 경우는 입실이 안 된다는 안내 문구가 붙어 있다. 아, 얼핏 누군가에게 들었던 기억이 난다. 이래저래 부르고스는 순례자들에게 살가운 곳이 아닌가 보다. 하나 어쩌랴, 여기까지 왔는데 저 글귀만 보고 그냥 돌아갈 수는 없는 노릇이고, 일단 들어가 보자.

문을 열고 들어가니 내부가 너무 조용하다. 사무실 비슷한 공간이 있는데 사람이 없다. 그렇게 서성거리고 있는데 60대 정도 되어 보이는 키 큰 서양인이 활짝 웃는 얼굴로 다가온다.

영어로 엠마우스에 온 걸 환영한다는 말과 함께 자신을 피에르라고 소개했다. 순례자 여권을 제출하면서 오늘이 부르고스 이틀째인데 숙박 가능한지 물으니 따로 일행이 없으면 괜찮다고 한다. 숙박비 5유로를 지불하고 순례자 여권에 세요를 받았다. 입실 절차가 끝나자 피에르 씨가 직접 침대까지 안내해주면서 친절하게 알베르게 사용설명을 해주었다. 피에르 씨는 캐나다인으로 은퇴 후 아내와 함께 엠마우스에서 자원봉사를 하고 있다고 했다. 에스테야에서 내게 축복기도를 해주었던 스텔라도 캐나다인이었던 걸 보면 캐나다인들은 은퇴 후 자원봉사활동을 매우 활발하게 하는 듯하다.

엠마우스의 내부시설은 전체 리모델링이 되어 깨끗했다. 내가 배정받은 방은 4인실로 우드프레임의 2층 침대 2세트가 놓여 있었는데 침대마다 독서등이 설치되어 있어 편리했다. 객실의 전반적인 분위기가 가정집처럼 아늑하고 편안하다.

카사 엠마우스 객실

이곳 성당에서 저녁 7시 30분에 미사가 있고 8시에 오늘 입실한 순례자들이 함께 저녁을 먹는다고 한다. 엠마우스라는 이름은 예수님이 부활하신 후 길을 가던 제자들과 엠마오 마을에서 저녁을 함께 먹으며 말씀을 나

부르고스 시내 공원의 모습

누었다는 누가복음 기록에서 유래한다.

저녁 식사는 미사 후 시작되는데 미사 시간까지는 두 시간 정도 여유가 있어 시내로 나갔다.

부르고스 시내는 도심을 흐르는 강을 따라 공원과 도로가 나뉘어 있다. 도시이자 공원이라고 할 수 있을 정도로 월요일 오후 시간인데도 많은 사람들이 산책과 휴식을 즐기고 있었다.

도심에도 오전 시간보다 사람들이 많아졌다. 시내 건물들과 예술작품들에도 중세와 현대가 공존하며 각각의 개성과 미를 나타내고 있다. 부르고스는 박물관이나 전시장 그리고 다양한 맛집이 있어서 시간을 가지고 다녀볼 만하다는 얘기를 들었었는데 정말 그런 것 같다. 이렇게 도심을 휘익 둘러보는 것으로 분위기만 느끼고 가는 것이 좀 아쉽기는 하다. 그렇지만 또다시 나는 관광객이 아닌 순례자라고 스스로를 위로하며 늦지 않게 미사에 참석하기 위해 발길을 돌린다.

엠마우스 성당은 기존 성당과는 다르게 현대적 인테리어로 되어 있어 우리나라의 교회 같은 느낌이다. 이삼백 명은 충분히 수용할 수 있는 좌석인데 예배 참석자는 순례자들을 포함하여 삼십 명이 채 안 되어 보였다. 게다가 다들 노인이거나 여성이다. 하긴 오후7시는 시에스타가 끝나고 야외에서 본격적으로 활동하는 시간이라 젊은 사람들이 성당으로 이 시간에 오는 것이 쉽지 않아 보인다.

미사의 끝에는 순례자들을 위한 기도를 빠뜨리지 않는다. 오늘 투숙할 순례자들이 다 같이 일어나 신부님의 축도를 받았다.

부르고스 거리

드디어 식사 시간, 피에르 씨에 의하면 엠마우스의 저녁은 전날 도네이션으로 모여진 금액으로 준비한다고 한다. 우리가 맛있게 먹고 많이 도네이션 하면 다음 투숙하시는 분들이 또 맛있는 음식을 많이 먹을 수 있다는 얘기다. 음, 이거 은근히 부담된다.

모두 한 식탁에 모여 앉으니 한 가족 같다. 순례자 10명, 피에르 씨와 아내 앨런까지 모두 12명이 한 식탁에서 얘기하며 식사했다. 피에르 씨 부부는 샐러드, 수프 그리고 소시지를 준비해서 순례자들에게 제공했다. 어제 숙박한 인원이 몇 명 안 되었나 보다. 메인 음식이 좀 부실하다는 생각이 들었다.

피에르 씨는 순례자들을 소개시키며 서로 대화할 수 있게 테이블 분위기를 이끌었다. 활달한 그의 아내 앨런은 대화 중간에도 음식 양이 부족하지 않은지 묻고는 주방을 오가며 음식을 채워주었다. 고단하고 바쁠 텐데

카사 엠마우스의 함께 나누는 저녁식사

도 한순간도 웃음이 떠나지 않는 이들 부부의 얼굴에서 천사의 얼굴이 있다면 이렇지 않을까 하는 생각이 들었다. 헌신과 사랑으로 소박한 음식을 나누는 엠마우스의 정신에 딱 맞는 자원봉사자 부부인 것 같다.

순례자들의 구성은 다양했다. 나를 포함한 한국인 3명과 프랑스, 영국, 홍콩 그리고 브라질 등 다양한 나라에서 온 순례자들이었다. 오늘에야 이름을 알게 된 내 옆자리에 앉았던 브라질인 제투류 씨 부부는 그동안 길에서 가끔 마주쳤었다. 영어가 안 되어 서로 대화는 못 했지만 제투류 씨는 길에서 얼굴이 마주칠 때마다 "올라" 하고 엄지척을 해주었다. 제투류 씨의 아내는 하얀 백발에, 햇볕에 그을린 건강한 피부색을 가진 아마존 여전사 느낌의 60대 여성이다.

한국 여성 두 분은 친자매는 아닌데 서로 언니 동생으로 부르는 사이다. 같은 성당을 다니며 친해졌다고 했다. 50대 후반에서 60대 초반으로 보이는 이분들은 다른 동행자 없이 두 분이 서로 의지해서 순례길을 걷고 있다 한다. 언어를 비롯해서 어려운 점들이 한둘이 아닐 텐데도 밝고 씩씩한 두 분의 모습이 보기 좋다.

국적도 다르고 나이대도 다른 사람들이 한 테이블에 앉아 누군가가 얘기를 하면 눈을 똥그랗게 뜨고 얘기를 경청한다. 표정과 몸짓을 통해 대충 공감하고 상대방의 웃음에 나도 모르게 오버 해서 더 크게 웃어지는 자리, 숙소에서 함께 저녁을 나누는 시간은 늘 즐겁다.

저녁을 먹은 후에는 피에르 씨의 주재로 각자 순례길에서 묵상한 하나님에 관한 얘기들을 나누었는데 훌리한 분위기에서 담담하게 서로의 이야기를 들어주는 엠마오 마을의 저녁식사를 재현하고 있었다.

25 —

알프스 할머니 파비앵

부르고스-타르다요스-라베 데 라스 칼사다스-오르니요스 델 까미노-산볼 25.6km

엠마우스의 잠자리는 집처럼 편안했다. 내가 투숙한 방은 4인실임에도 프랑스 남성 1명하고만 투숙했다. 남성과 여성을 구분해서 쾌적한 잠자리를 위해 적은 인원으로 객실을 배정한 듯했다. 그리고 무엇보다도 너무나 조용했다. 객실 바로 아래가 수녀님들의 기도실이기 때문에 소음 나지 않게 조심해달라는 피에르 씨의 당부가 있었던 탓이기도 했다.

아침은 일찍 출발하는 사람도 있어서 먹을 사람만 간단하게 빵과 버터를 먹고 출발하는 식이었다. 엠마우스를 나서며 피에르 씨 부부에게 작별 인사와 함께 진심 어린 감사를 드렸다. 순례길에서 다양한 알베르게를 경험하고 있지만 엠마우스는 좋은 시설 외에도 저녁을 함께 나누는 엠마우스의 정신을 몸으로 보여준 피에르 씨 부부로 인해 특별한 기억으로 남을 것 같다.

여느 도시와 마찬가지로 부르고스의 아침도 아직 휑하다. 우리 같으면 아침 8시는 출근 전쟁을 치르는 시간임에도 길거리에 차량이 별로 없다. '도대체 이 나라는 몇 시부터 일을 하는 거지?' 하는 의문이 든다. 어제 오후 급하게 돌아보았던 거리를 지나 부르고스 대성당을 뒤로하고 점점 시내를 벗어난다. 들어올 때는 힘들었지만 나가는 길은 또 아쉽다. '멋진 도시 부르고스여, 안녕! 언젠가는 다시 꼭 한번 와서 박물관 구경도 하고 맛있는 곳도 다니고 할게.'

시내 외곽으로 벗어나니 멋진 부르고스 대학이 나온다. 대학 건물이 거의 박물관 수준이다. 이 학교 학생들은 예술적 감성이 생겨나지 않을 수가 없겠다는 생각이 든다.

부르고스 대학을 지나 외곽의 공원과 숲길을 지나가는데 서양 여성 한 분이 "올라" 하고 나를 앞질러 간다. 나도 "올라" 하고 보니 60대는 되어 보이는 서양 여성이다. 누가 봐도 할머니인데 걷는 걸음걸이는 매우 빠르다. 나는 어제 새로 산 스틱으로 보강된 네 다리로 경쾌하게 걷고 있는 중이었다. 그런데 저 할머니는 스틱도 없이 한 손에는 안내책자 같은 걸 든 채로 팔을 휘저으며 날아가듯 걷고 있다. 무릇 길에는 동무가 있어야 지루하지 않은 법. 그래, 오늘은 할머니와 함께 걸어볼까. 속도를 내어 걸어가면서 말을 붙여본다. 프랑스 여성이다. 가까이서 보니 화장기 없는 맨 얼굴이어서 그렇지 할머니 소릴 들을 정도는 아닌 것 같다. 파비앵이라는 이름의 이 여성은 올해 61세, 우리로 치면 작년에 환갑을 치른 나이다. 어떻게 그렇게 잘 걸을 수 있냐고 물으니, 산골 마을에서 태어나고 자라서 잘 걷는다고 한다. 지명을 말해줬는데 잘 모르겠고 스위스 접경지역이라고 했던 기억이 난다. 영어도 곧잘 한다.

산티아고 순례길 초반에 프랑스를 거쳐 오면서 그동안 프랑스인들에 대해 가졌던 편견이 없어졌다. 호텔 근무 시절 프랑스인 총지배인에 대한 좋지 않은 기억이 프랑스인에 대한 편견을 키웠는지도 모르겠다. 그러나 직접 프랑스인들의 친절과 도움을 경험하고부터는 내 생각이 잘못되었음을 느낀다. 사실 프랑스 남자들보다는 프랑스 여성들이 백번 나은 것 같다. 이 또한 편견일 수 있지만.

파비앵과 빠른 걸음으로 걷고 있는데 앞에서 노래인지 고함인지 모를 괴성을 내며 걸어가는 친구들이 있다. 가까이 다가가서 말을 붙이니 대뜸 보드카 마시라며 수통을 들이민다. 동유럽에서 온 젊은 친구들이었는데

파비앵과 동유럽 친구들

수통에 물 대신 보드카를 채워 다니는 모양이었다.

'젊음이 좋긴 좋구나, 아침부터 음주 순례라.'

젊은 친구들을 뒤로하고 파비앵과 나는 함께 다음 마을까지 걸었다.

부르고스에서 출발한 대다수의 순례객들은 중간에 바가 있는 마을이 없는 관계로 타르다요스 마을의 길목에 있는 바에서 쉬었다 간다. 아침을 든든히 먹고 온 터라 나는 더 걷기로 하고 파비앵과 작별 인사를 했다. 나이는 숫자에 불과하다는 말을 싫어하는데 파비앵한테는 딱 맞는 표현이라 사용하지 않을 수 없다.

'알프스 할머니 파비앵, 나이는 숫자에 불과해요!'

26

걷는 사람 페트로

타르다요스 마을은 우리나라의 군 소재지인 읍내 느낌이 난다. 중세풍의 건물과 현대적인 시골 풍경이 섞여 있고 로터리 옆으로 표지석이 세워져 있다.

마을을 벗어나는 지점에서 검정 선글라스에 챙이 좁은 야구모자를 쓴 순례자와 나란히 걷게 되었다. 조금 전 식사를 마쳤는지 입에는 담배가 아직 물려 있다. 담배를 물고 걷는 순례자라, 처음 보는 낯선 행색에 나도 모르게 시선이 오래 꽂혔던지 이 친구, 씩 웃으며 '에너지바'란다. 루마니아 출신으로 지금은 네덜란드에서 살고 있다는 페트로는 나를 보자 "코레아" 하더니 마치 잘 만났다는 듯이 한국 순례자들에 대한 자신의 단상을 늘어놓는다. 얘기인즉, 그가 어제 부르고스에서 알베르게를 들어가려고 했다가 한국 순례자들이 무더기로 버스에서 내리는 걸 보고 피해서 다른 곳으로

모나스테리오 성모님

옮겼다고 한다. 순간 외국인의 입을 통해 이런 얘기를 직접 들려줄 필요가 있겠다 싶어 페트로에게 양해를 구하고 동영상을 찍으며 걸었다. 그는 이어서, 단체로 버스로 와 놓고 한국에 가서는 800km를 걸었다고 얘기할 것 아니냐, 산티아고 순례길을 어떻게 걷든 각자 자유이지만 알베르게를 단체로 잡아놓고 움직이는 건 아니지 않느냐는 말을 했다. 어찌 생각하면 오지랖이라고 할 수도 있겠지만, 순례길을 걷는 외국인들 입장에서 한 번쯤 생각해볼 필요는 있어 보인다.

페트로는 그러면서 자신은 유럽의 여러 트레일은 물론이고 코펜하겐에서 카사블랑카까지 7,000km를 걸었던 사람이라며 은근히 자랑을 한다. 페트로는 오십 가까운 노총각이다. 이틀 뒤 칼사디아에서 그를 다시 만나게 되어 명함을 받고 보니 네덜란드에 본사를 둔 글로벌 HR기업의 리더였다. 업무상 유럽 전역으로 출장을 자주 다니기도 하지만 워낙 운동과 걷기를 좋아해서 한 달이 멀다 하고 트래킹을 다니는 마니아라고 한다.

'걷는 사람 페트로!' 대단하다. 그런데 '구름 에너지바'는 너무 좋아하지 마시길.

순례자의 모습은 아니니까.

페트로와 동영상도 찍고 유럽의 트레일에 대한 얘기도 들으며 걷다 보니 금세 다음 마을인 라베 데 라스 칼사다스Rabé de las Calzadas 마을에 도착하였다. 페트로와 작별 인사를 하고 나는 간식을 먹으며 마을을 둘러보았다. 라베 마을은 작은 중세 마을 느낌이다. 마을의 집들이 바스크 지역에서 본 것처럼 돌을 쌓고 흙을 발라 멀리서 보면 토담집처럼 황토색이다. 마을 끝자락에 있는 조그만 성당 앞에 순례자들이 모여 있어서 가보았더니 돌을 쌓아 만든 움막 같은 성당 안에 성모상이 모셔져 있다. 모나스테리오 성모님Ermita de Nuestra Senora Monasterio(모나스테리오=수도원)이란 이름으로 불리는 이 성모상의 유래에 대해서는 알 길이 없었지만 소박한 작은 성당의 독특한 분위기에서 느껴지는 경건함이 인상 깊은 곳이었다.

라베 마을을 지나니 아득하게 멀리 대평원으로 한 그루 나무가 외로이 서 있다. 메세타 구간의 상징적인 이미지로 인터넷에서 많이 본 장면이다. 구름은 회색 물감 덩어리처럼 뭉쳐져 여차하면 우르르 땅으로 쏟아질 듯 들판으로 바짝 내려와 있다.

고요하다. 다시 외로운 순례길이 시작된 거다.

27

산볼 알베르게

산볼 알베르게는 우리나라 등반코스에 있는 대피소 같은 모양을 하고 있다. 허허벌판에 달랑 집 한 채 있는 게 전부다. 알베르게 옆으로 키 큰 참나무들이 여러 그루 서 있고 나무들 가운데에는 낡은 피크닉 테이블이 설치되어 있다.

시간은 벌써 오후 2시를 한참 지나고 있다. 알베르게 문을 열고 들어가니 여성 자원봉사자가 신발을 가리키며 나가라는 시늉을 한다. 신발을 밖에다 벗어놓으란 얘기였다. 영어가 안 되는 봉사자분의 강한 제스처에 순간 머쓱했다. 알베르게 내부는 밖에서 상상한 것보다는 제법 공간도 넓고 아늑했다. 침실 공간과 커다란 원탁이 놓인 식당 겸 라운지 공간이 있고 주방과 화장실 겸 욕실이 구분되어 있다. 바람이 불고 쌀쌀한 날씨 탓에 난로에 불이 지펴져 있어서 산장 분위기가 났다.

칼사다스 고원

침대방으로 들어오니 2층 침대 6개가 다닥다닥 붙어 있고 1층 침대는 먼저 도착한 사람들이 벌써 차지하고 있었다. 나는 입구 쪽의 2층 침대로 배정을 받았다. 그동안 베드버그에 대한 걱정을 별로 해본 적이 없는데 이곳은 걱정이 좀 되어 벽과 침대 프레임에 비오킬을 꼼꼼히 뿌려두었다.

알베르게 옆에는 키 큰 참나무들 사이로 야외 테이블이 놓여 있다. 테이블에 앉아 시원한 바람을 쐬고 있으니 숲속 정취가 느껴진다. 그런데 나무들이 한 방향으로 10도가량씩 다들 기울어져 있다. 고원 쪽에서 불어오는 바람이 이곳으로 통과하면서 나뭇가지를 흔들어댄 탓일 게다. 방풍림으로 조성된 듯한데 알베르게 옆에 잘려 나간 그루터기들이 있는 걸 보니 아마도 옛날에는 더 넓게 조성되어 있었던 것 같다.

방풍림을 잘라내고 왜 굳이 이 작은 알베르게를 지었을까? 나는 그 의문

산볼 알베르게

에 대한 해답을 까미노 코레아 사이트에 나온 짤막한 알베르게 소개 글에서 추측해볼 수 있었다.

이곳은 원래 시내가 흐르는 작은 마을이었다고 한다. 마을 명칭에 산san이 붙은 걸로 보아 신앙심이 깊은 사람들이 모여 살았을 것으로 추정되는데, 어느 날 갑자기 모든 마을 주민들이 떠났다고 한다. 전염병 때문이라는 설도 있고 유대인 추방으로 떠났다는 설도 있다 한다. 아마도 여기에 알베르게를 지은 것은 이 마을을 기억하는 누군가가 지었을 것으로 추측된다. 이날 나는 한참 동안 테이블에 앉아 나무 사이로 불어오는 바람을 맞으며 하늘과 구름 그리고 아득히 펼쳐진 초록의 들판을 바라보고 있었다. 마치 어떤 음성이 내게 들려올 것 같은 착각이 들기도 했다. 영성이 느껴지던 산볼에서의 특별한 경험은 혼자 길을 걷고 있는 고독한 순례자들에게 자연이 주는 위로 그 자체였다.

오늘 밤 산볼에는 한국인 세 명을 비롯해서 미국인, 캐나다인, 영국인, 프랑스인 등 모두 10명이 투숙한다. 나를 포함해서 프랑스, 영국의 중 장년 3명과 젊은 미국인 한 명 외 모두 젊은 여성들이다. 얼핏 젊은 여성들이 기피할 것 같은 장소인데 의외였다. 화장실을 겸한 샤워시설이 하나밖에 없어서 아침에 불편할 게 뻔하다. 내가 산볼에 머무르기로 한 데에는 좀 특별한 곳이라는 생각도 있었지만 적은 인원이 저녁을 함께 하는 이유가 컸다. 엠마우스에서처럼 자원봉사자의 주도하에 저녁을 함께하며 서로 얘기 나누는 시간이 있을 걸로 생각했었다.

7시가 되어 순례자들이 모두 원탁으로 모였다. 저녁 메뉴는 와인 두 병이 놓이고 샐러드와 파에야 그리고 후식으로 가정식 요거트가 제공되었다. 파에야는 해물이 좀 부족했지만 맛은 그럭저럭 괜찮았다(양이 약간 부족했던 원인도 한몫했다). 프랑스 할아버지의 제안으로 호주머니에 남은 동전들을 꺼내어 만들어진 돈으로 와인을 한 병 추가했지만 같이 먹을 만한 게 없어서 맨 와인을 입맛을 다져가며 마셨다. 비상식량이라도 꺼내오고 싶은 마음은 굴뚝같았으나 창피할 거 같아 그만두었다. 자원봉사자는 주문한 와인 한 병을 갖다놓고 퇴근했다. 엠마우스의 커뮤니티 디너를 기대했던 나는 좀 실망스러웠던 산볼의 저녁이었다.

28

샐러드가 먹고 싶은 슬픈 짐승이여

산볼-온타나스-카스트로헤리스-보아디야-프로미스타 41km

산티아고 순례길의 가장 고독한 길을 이른 아침부터 혼자 걷는다. 조금 가다 보니 광활한 메세타를 가로지르는 붉은 황톳길의 끝자락에 별들이 반짝이고 있다. 비오는 하늘 저편에서 반짝이는 별들. '내가 환각을 보고 있는 건가….'

여러 대의 풍력발전기에서 나오는 불빛이 별들처럼 빛나고 있었던 거였다. 비는 다행히 많이 올 것 같지는 않은데 바람은 갈수록 거세게 불어온다. 이 지역이 해발 800미터 높이의 고원이라 원체 바람이 많은 듯하다.

다음 마을인 온타나스에 도착해서 간단히 아침을 먹기 위해 성당 건너편 바에 들어갔다. 작은 시골 마을인데도 이 마을에서 출발하는 사람들이 많은지 순례자들로 붐빈다. 바에서 아침을 먹을 때는 언젠가부터 거의 카

흐린 하늘의 반짝이는 별빛

페 콘 레체를 시킨다. 한국에서는 카페라떼를 좋아하는 편이 아니었는데 까미노를 걸으며 보카디요나 토르티야랑 같이 먹기에는 카페 콘 레체가 낫다는 걸 알게 되었다. 음식을 들고 식당 안쪽으로 이동하는데 익숙한 경상도 사투리로 통화하는 소리가 들린다. 승엽이였다. 오늘이 어버이날이라 부모님과 통화하는 중이었던 것 같다. 그러고 보니 어제쯤 장인어른한테 문자라도 드렸어야 했는데 생각을 못 했다. 늦었지만 지금이라도 문자를 보내야겠다는 생각을 하고 있는데 승엽이가 나를 알아보고 인사를 한다. 승엽이도 지금은 혼자 걷는 중이라고 한다. 함께 걷던 영진이는 발목 상태가 안 좋아져서 뒤에서 천천히 오고 있다 한다. 녀석과 좀 더 오래 얘기도 하고 같이 걷고 싶었으나 막 나가려던 참이었던지라 서로 잘 걸으란 인사말만 나누고는 헤어졌다.

마을을 나서니 도로가 나오는데 노란 화살표가 보이질 않는다. 아마도 마을에서 무심코 잘못 나왔나 보다. 지나가는 차량을 세워 물어보니 내가 걸어왔던 방향으로 다시 가라고 한다. 느낌상으로는 이게 아닌데 하면서 가다 보니 멀리 높은 언덕배기로 향하는 길 쪽으로 사람들이 걷고 있다. 부랴부랴 그 방향으로 가다 보니 앗, 이게 웬 냄새… 저만치 앞쪽에 양 떼가 보인다. 다가갈수록 냄새는 코를 찌르고 길의 양 폭을 완전히 장악한 양들이 걸으면서 똥오줌을 누며 한마디로 길을 초토화시키고 있다.

맨 앞에는 양치기가 걷고 있고 옆에는 노새가 그리고 후미에는 개가 따라붙으며 양들을 몰고 간다. 가끔 가운데 있던 놈들이 무리의 바깥쪽으로 이동해서 풀을 좀 뜯을라치면 양치기 개가 달려들어 쫓는다. 기가 막힌 업무 분장이다. 동영상으로 이들의 이동모습을 담은 후 옆의 풀숲으로 한참

길을 장악한 양 떼

을 걸어 양 떼를 앞질렀다. 등산화가 젖을 만큼 비를 맞은 풀숲은 질퍽했고 양 떼로부터 나는 형용할 수 없는 고약한 냄새를 온몸에 덮어써야 했다.

'아… 참 별 희한한 경험을 다 해보는구나.'

고약스러운 경험이었지만 기분이 나쁘지는 않았다.

양치기를 실제로 보는 것이 처음인지라 지나가며 유심히 관찰했다. 목동이라기엔 나이가 좀 많은 아저씨다. 그가 입고 있는 푸른 작업복은 양들과 부대끼느라 오물들이 잔뜩 묻어 있었다.

'양치기 직업이 저런 것이구나, 이 냄새를 견디며 몸에 양들의 분뇨를 바른 채 양 떼를 몰고 다니는구나. 세상에 못할 직업이네.'

선지자 사무엘이 불렀을 때 이새의 여덟 번째 아들 막내 다윗의 모습이 저러했을 것이다. 양치기 소년 다윗, 세상에 못할 직업인 저 냄새나는 일을 어려서부터 묵묵히 수행하고 있던 그를 택하여 유대왕국을 완성하신 하나님의 섭리를 이 지독한 냄새를 통해 묵상해본다.

길은 가파른 언덕으로 향한다. 거대한 회색 민둥산인 모스텔라레스 언덕이다. 가파른 언덕을 올라 정상에 이르니 사방팔방으로 끝없이 펼쳐진 평원이 발아래에 펼쳐진다. 지나온 길을 돌아보니 내가 저 길을 걸어왔다는 게 실감이 나질 않는다. 그리고 다시 앞을 보니 또다시 똑같은 까마득한 평원이 펼쳐져 있다. '괜히 봤다. 힘이 쭉 빠진다.'

작은 대피소가 보여 가보니 어제 산볼에서 포도주 한 병을 더 시키셨던 프랑스 할아버지가 도시락을 먹고 있다. 언덕으로 향할 때 앞에서 혼자 걸으시던 분이 이분이었구나. 온종일 혼자 걸어왔던 터라 반가웠다.

72세인 앙리 할아버지는 까미노 여행안내서 저자이다. 어제 자신이 쓴 책이라며 프랑스어로 된 까미노 안내서를 보여주었었다. 퇴직 후 까미노를 처음 걸었을 때부터 지금껏 매년 한차례씩 구간을 정해 돌며 정보를 업데이트하고 있다고 한다. 그래서 그런지 아까 언덕을 오를 때 보니 전혀 노인의 걸음걸이로 보이지 않았다. 앙리 할아버지는 도시락을 맛나게 드시며 잘 알아듣기 힘든 프랑스식 영어로 계속 말씀을 이어가시는데, 나는 그의 도시락에 남은 치킨 샐러드에 눈길이 자꾸 갔다. 아마도 가스트로헤리스의 카페에서 챙겨 오신 듯하다. 에너지바를 하나 더 까서 입에 넣으며 애써 눈길을 붙들어본다.

그러고 보니 번번이 제일 힘든 구간에서 늘 먹을 게 충분하지 않았다. 피레네에서 고생한 이후부터는 빵과 초리소를 떨어뜨리지 않았는데 어제 산볼에 투숙하는 바람에 에너지바만 남아 있었다. 뭐, 사실 이거 하나만 먹어도 20km 걷는 데는 문제없다. 그런데도 거지처럼 할아버지 도시락에 눈이 가는 걸 보면 나는 정말 들개가 되어가고 있는지도 모르겠다.

'아! 샐러드가 먹고 싶은 슬픈 짐승이여.'

29

바람의 파이터

모스텔라레스 언덕에서 이어지는 길은 그야말로 바람과의 싸움이었다. 나폴레옹 루트에서 경험한 정도의 바람 세기이다. 스틱을 콱콱 찍으며 걸음을 내디뎌야 할 정도로 바람의 저항이 심했다. 앙리 할아버지도 바람 때문에 힘이 드는지 고개를 절레절레 흔들며 가다 쉬기를 반복한다. 다음 마을인 이테로에서 헤어지며 앙리 할아버지는 자신이 경험한 것처럼 나에게도 멋있는 삶이 기다리고 있을 거라고 용기를 주면서 부엔 까미노를 빌어주신다.

'내가 저 나이에도 이런 맞바람을 뚫고 걸어갈 수 있을까….'

마을에 접어들면서 좀 잦아들었던 바람이 마을을 벗어나자 다시 정신없이 불어온다. 그래도 지금은 맞바람이 아니어서 한결 걸음이 수월하다.

메세타를 두고 진정한 산티아고 순례길이라고들 한다. 그만큼 고독하고

모스텔라레스 언덕에서 바라본 메세타

외로운 길이라는 뜻일 테다. 나의 한계를 깨닫는 가운데 신의 존재를 받아들이게 되는….

그러나 솔직히 지금 나는 아무 생각이 없다.

지금은 그냥 걸을 뿐이다. 왼손 스틱에 오른발 나가고 오른손 스틱에 왼발 나가고

"탁 탁, 탁 탁."

기계적인 울림만 있을 뿐, 생각은 없다. 몰입이라 한다면 그렇게 볼 수도 있겠다.

프로미스타를 앞둔 마지막 마을 보아디야에 도착했을 때는 벌써 오후 4시가 가까운 시간이었다. 마을 어귀에 걸터앉아 에너지바를 꺼내 먹으며

잠시 휴식을 취한다. 그런데 마을 한가운데 세워진 독특한 돌탑이 눈길을 끌어 카메라에 담았다. 탑의 머리 부분은 흡사 왕관처럼 정교하게 조각되었다. 뒤에 까미노 코레아 사이트를 통해 확인해보니 '심판의 기둥'이라고 했다. 마치 절에 있는 탑처럼 생긴 돌기둥이 마을 한가운데 있는 이유는 죄인을 묶어두기 위함이었다 한다. 내용을 알고 탑을 다시 보니 몰랐을 때는 멋있게 보이던 탑의 모양새가 좀 기괴하게 보인다. 얼마나 많은 억울한 영혼들이 저곳에 묶여 희생되었을까.

보아디야 마을 광장의 심판의 기둥

오후 5시 20분, 드디어 오늘의 목적지 프로미스타 루즈 알베르게에 도착했다(10유로). 중간에 예약 확인을 해두었던 탓에 침대는 바로 배정이 되었다. 2층으로 올라가니 침대 숫자가 30~40개 되는 도미토리룸이다. 내 침대 번호를 찾아 가니 뜻밖에 산토도밍고 이후 못 뵈었던 황 선생님이 옆 침대에 쉬고 계셔서 반갑게 인사했다.

오후 5시를 넘겨서 숙소에 도착한 경우는 부르고스 이후 처음이다. 온종일 바람과 싸워 이긴 나는 바람의 파이터인가?

30

박물관에서 생긴 일

프로미스타-카리온-칼사디아 37km

프로미스타 루즈 알베르게는 30명 넘는 사람이 한 방을 사용하는데도 어제 너무 피곤했던 탓인지 새벽에 깨지 않고 정신없이 잘 잤다. 전체 수용인원에 비해 화장실은 좀 부족한 편이어서 이른 시간에 용변을 잘 보지 않는 나는 세수만 하고 출발했다. 부지런한 황 선생님은 그새 볼일을 다 보시고 같이 길을 나섰다. 오늘은 칼사디아까지 37km를 걷는다. 연이은 강행군으로 자고 나면 며칠 전부터 왼쪽 발꿈치에 통증이 느껴진다. 그런데 이상하게도 걷는 도중에는 통증이 사라진다. 프로미스타에서 출발하는 사람들은 보통 카리온까지 20km를 걷는다. 카리온 다음 칼자디아까지 17km 구간에는 마을이 없기 때문이다.

6시 50분, 잠에서 아직 깨어나지 않은 프로미스타 시내는 조용하고 깨끗하다. 낮게 드리운 먹구름에 아침노을이 물들어 이국적인 풍광을 자아

프로미스타 하늘에 뜬 무지개

내고 있다.

10분쯤 걸었을까, 태양이 떠오르며 반대편 하늘에 커다란 무지개가 떴다. 이렇게 광대한 하늘에 걸쳐 있는 커다란 무지개를 본 적이 없다. 왠지 모를 감동이 밀려와 한참 동안 프로미스타의 일출을 스마트폰에 담았다.

그사이 황 선생님은 벌써 모습이 보이지 않는다. 아직 발꿈치 통증이 가시지 않아 황 선생님을 따라잡을 만큼의 속도가 나질 않는다. 기왕 따로 떨어진 거 편안하게 맘먹고 사진도 찍어가며 느린 걸음으로 걷는다. 어차피 칼사디아에서 볼 테니까….

어느새 프로미스타를 벗어나 길은 차도 옆으로 평탄하게 이어지고 있다. 드문드문 앞질러 가는 순례자도 있고 내가 앞질러 가는 경우도 있는데 "올라" 하고 지나갈 뿐이다. 며칠 전 부르고스를 벗어날 때까지만 해도 순례길에 활력이 있었는데, 나부터도 그렇지만 다들 메세타를 걸으며 지쳐 있는 듯하다.

비얄카사르 마을에서 아침을 먹으려 했는데 마을로 들어가는 길이 도로를 벗어나 까미노를 우회하게끔 되어 있다. 도로를 따라 가다 보면 바가 나오겠지 하는 생각으로 걷다 보니 마을의 끝이다. 비상식량도 없는 터라 그냥 갈 수가 없어 마을 방향으로 돌아가니 다행히 몇 발짝 안 가서 문을 열고 있는 바가 있다. 마을이 아주 작지 않은 경우에는 마을 초입과 끝 지점에 바가 있었던 기억이 있어 혹시나 하고 와 본 거였다. 결과적으로 빠른 길로 온 셈이다. 이곳에서 토르티야와 카페 콘 레체로 아침을 해결하고 다시 길을 걷는다. 대신 마을을 거치지 않은 탓에 비얄카사르 마을에 대한 이야깃거리는 없다.

메세타 구간이라고 해도 프로미스타에서 카리온까지는 도로를 따라 걷는 길이라 그렇게 힘든 줄 모르고 걷는다. 사람에 따라 도로 옆으로 난 길을 걷는 게 힘들다는 사람도 있다. 물론 반대방향에서 차가 쌩쌩 달려오면 심리적으로 싫기도 하지만 그래도 바람만 몰아치는 적막한 길보다는 차라도 달리니까 덜 지루하다. 그렇게 걷다 보니 오전 11시에 카리온에 도착했다.

카리온 입구 까미노 표지석에 누군가가 닌자거북이 인형에 버나드 쇼의 묘비명을 한글로 적은 리본을 달아놓았다. 간혹 마을 초입에 우리말이나 태극기가 보이면 반갑다.

기를 쓰고 카리온까지 왔지만 막상 갈 곳이 없다. 배가 고픈 것도 아니어서 어디 카페를 들어갈 이유도 없다. 그렇다고 칼사디야로 바로 걷기에는 시간이 좀 넉넉하다(어처구니없게도 이때 남은 거리를 17km가 아닌 7km로 착각하고 있었음). 어슬렁거리며 성당 앞을 지나는데 광장 앞에 장이 섰다. 꽤 익숙한 시골 5일장 분위기이다. 심지어 우리나라의 두 마리 만원 트럭 통닭 바비큐도 있다.

광장을 돌아 나오는 골목에 작은 박물관이 있어서 무심코 들어가 보았다. 입장료를 물어보니 무료라고 한다. 무료 좋지. 얼마 전 부르고스 박물관을 못 가본 게 내내 아쉬웠던 터라 꿩 대신 닭이라는 기분으로 배낭을 벗고 천천히 돌아보았다. 소규모의 컨템퍼러리 뮤지엄이었지만 작품들을 꽤 많이 전시하고 있었다. 전시실 정면 벽의 대형 캔버스에 그려진 표류하는 난민으로 보이는 작품은 강렬한 인상을 주었다. 여유롭게 홀로 작품들을 감상하고 있다 보니 갑자기 용변이 마려웠다. 그러고 보니 제대로 용변을 못 본 지가 언제인지 가물가물하다. 알베르게 사용의 어려운 점 중에 화장실 문제가 사실 크다. 평상시 변비가 없어도 이상하게 여기 와서는 제때 용변을 보기 어렵다. 문밖에서 사람들이 줄을 서고 있는 부담 때문일 수도 있고 빵과 고기를 주로 먹어서일 수도 있겠다. 아무튼 나는 카리온 컨템퍼러리 뮤지엄에서 평생 처음 겪어보는 어마어마한 대사를 치렀다. 인간의 몸은 정말 신기한 것 같다.

31

마라톤을 좋아하는 여성

카리온 시내를 벗어나 칼사디야 방향으로 걷고 있노라니 빗방울이 다시 떨어지기 시작한다. 카리온에서 대부분의 순례자들이 머무는 탓에 길에는 사람들의 모습이 보이지 않는다. 흐린 날씨에 판초우의를 입은 채 광활한 메세타 비포장길을 터벅터벅 걷고 있다.

까미노를 시작한 지 16일째, 거리로 치면 반을 훌쩍 넘었다. 딱 내 인생만큼 걸었다. 그동안 쫓기듯 바쁜 걸음이었다. 첫날 피레네에서 하루를 까먹고 둘째 날도 숙소 문제로 얼마 걷지 못하고 에스피날에서 눌러앉았던 탓에 마음이 바빠졌었나 보다. 그런데 그보다는 혼자 걷는 시간이 많아서 걸음이 빨라졌다고 보는 게 더 맞는 거 같다. 아직은 혼자서 느긋하게 걸어지질 않는다. 마치 내 인생처럼.

누군가와 지속적으로 함께한다는 것은 약속을 필요로 한다. 그 약속에

칼사디야 가는 고독한 길

는 나의 불편과 희생이 요구된다. 내가 지금 외롭다고 누군가에게 같이 걷자 선불리 제안하지 못한다. 아직은 내가 보고 듣고 사진에 담고 또 경험해보고자 하는 것들이 많기 때문이다.

오락가락하는 빗방울을 맞으며 고독하게 걷고 있는데 거짓말처럼 어디서 나타났는지 길동무가 나타났다. 검정 판초에 빨간 야구모자를 쓴 브라질 여성이다. 이름이 어려워 그냥 앞글자만 따서 '자나Zana'라고 부르겠다고 하니 좋다고 한다. 누구나 지독히 외로움을 느낀 그 순간 만나게 되는 사람은 위험하다. 쉽게 사랑에 빠질 수 있으므로….

그래서 다행이다. 지극히 위험한 이 순간 브라질 여성이라. 그런데 이 여성 걸음이 매우 빠르다. 빠른 보폭에 맞춰 리드미컬하게 스틱을 치고 나간다. 나라는 존재에 대해서는 별 관심이 없는 것 같다. 뭐 따라올 테면 오라는 식이다. 한참을 별 말 없이 자나와 보조를 맞춰 걸었다. 40대 중반(?)으로 브라질 국가기관에서 근무하는 공무원이라 했다. 어떻게 그렇게 걸음이 빠르냐고 했더니 자기가 빨리 걷는 거냐고 웃으며 되묻는다. 그러더니 아마도 마라톤을 해서 그런가 보다고 한다. 아, 그러고 보니 이 여성은 걷는 게 아니라 실상 뛰고 있었구나.

자나는 마라톤 이야기를 시작하고부턴 갑자기 수다쟁이가 되었다. 아마도 세계적으로 유명한 마라톤대회가 미국, 영국을 비롯한 세계 각지에 있나 보다. 그것들을 돌아가면서 매년 한두 개씩은 참석한다고 한다. 미혼인가 물으니 결혼해서 남편도 있다고 한다. 브라질이란 나라, 멀어서 관심 밖이었던 그 나라가 궁금해진다.

빗방울이 다시 굵어지기 시작한다. 그 사이 배낭에 넣었던 판초우의를 꺼내는 동안 기다리게 하는 게 부담스러워 먼저 가고 있으면 따라가겠다고 하니 정말 가버린다. 간신히 판초우의를 꺼내 입고 따라가고 있는데 보이질 않네. 헐, 마라토너 자나.

뮤니시플 알베르게에는 중년 한국 부부들도 두 커플이 묵었는데 그중 한 부부가 부르고스 엘모리토 식당에서 스페인 순대를 추천해주셨던 분들이다. 반갑게 인사하는데 두 분은 나를 잘 기억을 못 하신다. 나이대가 나랑 별 차이 없어 보이시는데…, 내가 부르고스 레스토랑에서 순대 추천해 주지 않으셨냐고 하자, 그제야 여성분이 "아, 그때 폴이랑 왔던… 근데, 전혀 몰라보겠네요…, 죄송해요. 호호" 한다. 음… 메세타를 걸으며 내 몰골이 많이 삭은 모양이다.

Part

3

함께여서 즐거운 길

01

스틱은 짐스럽게 왜 들고 다녀요?

칼사디야-모라티노스-산 니콜라스 레알 까미노-사아군 21.3km

몸 상태가 좋지 않아 일찍 잠자리에 들었던 탓인지 새벽에 잠이 깨어보니 새벽 2시 반이다. 다시 잠들기가 쉽지 않아 휴게실로 가서 블로그 정리를 하며 모처럼 아내와도 통화를 했다. 이 시간에 전화를 하니 깜짝 놀라며 무슨 일 있느냐고 묻는 아내한테 잠이 깬 김에 목소리 들으려고 전화했다고 하니 좋아라 한다. 아내는 내가 피레네에서 이틀간 연락 두절된 이후 아침저녁으로 카톡 문자로 까미노 실황중계를 받고 있다. 블로그를 밀리지 않고 매일 작성하는 것도 아내 때문이기도 하다. 아침에 일어나 커피 한잔 타서 밤새 올라온 내 블로그를 보며 하루를 시작하는 게 행복하단다.

4시쯤 다시 잠자리에 들었다가 늦잠을 잤다. 늦잠이래 봐야 8시를 넘기지 못하는 게 순례자들의 운명이고 보면, 가끔씩은 서두르지 않고 천천히 볼일 다 보고 나가는 것도 나쁘지 않은 것 같다. 대신 혼자 걷는 것은 감수해야 된다.

오늘은 사아군까지 20km만 걸을 생각이다. 까미노도 후반으로 접어든 만큼 이제부턴 조금 천천히 걸으며 그동안 놓치고 있었던 건 없는지 생각해봐야 할 시점이다.

오늘 숙박 장소도 그래서 베네딕토 수도원 알베르게로 정했다. 엠마우스와 비슷하게 함께 미사를 드리고 저녁도 먹는 곳이다. 어차피 함께 움직이는 일행이 없으니 내 취향에 맞게 목적지를 선택할 수 있다는 점이 이럴 땐 좋다.

와인 저장고

칼사디야를 벗어나 처음 도착한 곳은 호빗 마을처럼 생긴 포도주 저장고가 있는 모라티노스 마을이다. 저장고 앞에 실제로 호빗은 살지 않는다고 붙여놓은 안내판이 재미있다. 안내판에 의하면 이곳은 로마 시대부터 음식이나 와인을 저장하는 용도로 사용되어 왔다고 한다. 아직도 이들 중 일부는 실제로 사용되고 있다고 하는데, 호빗 마을이나 텔레토비 마을의 작가들이 이런 포도주 저장고를 보고 영감을 얻지 않았나 싶을 정도로 닮았다.

다시 길은 들판으로 이어지고 길을 따라 조금 걷다 보니 길옆에 작은 팻말이 보인다. "I know that I know nothing…but The 2nd Bar is cool" 소크라테스의 '나는 내가 무지하다는 걸 안다'를 인용한 바 광고이다. 산티아고

소크라테스의 말을 인용한 바 광고

길을 걸으며 나 자신에 대해 생각하고 질문하는 순례자들의 영혼을 꿰뚫고 있는 듯한 재치 있는 광고다. 조금 더 가다 보니 산 니콜라스 레알 까미노 마을 입구가 보인다. 마을 입구에 레스토랑을 겸한 바가 있어서 들어가서 오렌지 주스와 크루아상을 시켜 먹었다. 주인으로 보이는 젊은 남자 혼자서 일하고 있었는데 아마도 아까 길옆에 있던 팻말을 만든 장본인인 듯싶다.

산 니콜라스 까미노 마을을 벗어나니 길은 다시 국도와 나란히 이어진다. 국도와 나란한 길은 대체로 평탄한 대신 길 위에 자잘한 돌멩이가 많다. 아마도 오래전에는 이 길 위로 우마차들이 달렸을 것이다.

걷다 보니 앞에 한국 아가씨가 발에 물집이 잡혔는지 불편하게 걷고 있다. 그런데 스틱은 그냥 들고만 간다. 그 모습에 웃음이 나서 다가서며 "괜찮아요?" 하니, 이 아가씨, 갑자기 들려온 우리말에 반가웠던지 "아, 네… 괜찮아요, 걸을 만해요" 한다.

"스틱을 사용하면 편할 텐데 왜 짐스럽게 들고 가요?"

"해보려고 하는데 잘 안 되고 오히려 불편해요."

"자, 내가 하는 대로 잘 따라 해봐요."

이렇게 생전 처음 스틱 사용법에 대한 강좌가 시작되었다. 학생의 이름은 지은이라 했다. 그런데 이 아가씨 수제자감은 아니다. 한두 번 따라 하는가 싶더니 잘 안 된다며 그냥 걷는다. 최근 '스페인 하숙' 영향으로 산티아고를 찾는 20대가 많아지면서 젊은 여성들이 혼자 걷는 경우를 종종 보게 되는데 가급적 같이 걷기를 추천한다. 특히 메세타 구간에서는 인적이 드문 관계로 유사시에 도움을 요청할 방법이 없다.

멀리 사아군이 보이는 지점에서 지은 양에게 조심히 잘 걸으라는 인사를 하고 다시 잰걸음으로 걷는다. 사아군, 영어 발음으로는 사하군. 부산의 지역명과 같아 왠지 친근한 이름이다. 오늘 이곳에서는 또 어떤 시간을 보내게 될까?

02

까미노를 걷는 사연들

12시 20분, 베네딕토 수도원 알베르게에 도착해보니 자나와 제투류 부부가 방금 전에 도착해서 입실 절차를 진행하고 있다. 이 브라질 사람들과 어제에 이어 오늘도 같은 시간, 같은 알베르게에 입실한다. 그럼에도 오늘은 오는 길에 보지도 못했다. 반갑기도 하고 신기하기도 해서 방금 입실 절차를 끝내고 나오는 자나에게 어떻게 된 건지 물어보니 자기네는 한참 전에 도착해서 하프 증명도 받고 오는 길이라고 한다. 그게 뭐냐고 물었더니 여기 사아군이 산티아고 전체 길의 절반이어서 하프 증명서를 발급해준다고 했다. 음, 그런 것도 있었구나.

자나는 이어,

"크리스, 여기는 4명이 한 방을 사용한대, 너 괜찮으면 우리랑 방 같이 쓸래?"라고 묻는다.

“뭐 나쁠 거 없지.”

내가 좋다고 하자 옆에 있던 제투류 씨도 웃으며 엄지척을 한다.

숙박비 5유로를 지불하고 브라질 팀과 함께 객실로 올라가서 보니 5평 남짓한 작은 방에 2층 침대 두 개가 놓여 있고 욕실이 딸려 있다. 약간 당황스러웠다. 처음 보는 남녀가 혼숙하기에는 너무 방이 작다. 뻘쭘하게 서 있는 나와 제투류 씨에게 자나가 여성들이 위로 올라갈 테니 남자들은 아래 침대를 쓰라 한다. 그래, 오늘은 이들과 가족처럼 지내자. 브라질 패밀리. 그냥 이것도 경험이려니 하고 마음을 편하게 먹으니 숙소가 호텔처럼 편안하고 안락하게 느껴진다.

5시에 순례자 모임이 있어서 1층 홀로 내려가니 테이블에 차와 비스킷이 준비되어 있고 대여섯 명이 테이블 주변에 서서 차를 마시고 있었다. 안내를 도와주는 수녀님이 자리에 앉기 전에 테이블에 놓인 카드를 하나씩 집도록 했다. 풍채가 좋은 흑인 수녀님이었는데 영어를 곧잘 하신다. 그러고선, 우리가 집어 든 카드의 그림을 보고 떠오르는 이미지를 기억했다가 순례길에 그 이미지가 어떤 의미가 있는지 서로 얘기 나눌 거라 한다. 그사이 한국 아가씨가 들어오는데 보니 지은 양이다. 반갑기도 하고 한편으론 겸연쩍기도 했다. 여기로 오는 줄 알았으면 같이 올걸….

카드를 집고 그림을 확인해보니 하얀 줄무늬의 아치가 그려진 그림이다. 이걸 뭐로 봐야 할까? 터널 같기도 하고 무지개 같기도 하다는 생각이 드는 순간, 어제 아침 프로미스타에서 보았던 거대한 무지개가 떠올랐다.

그래, 무지개!

토마스 신부님이 진행과 통역을 맡고 차례대로 돌아가면서 각자 자신의 카드의 이미지를 설명하기 시작했다. 토마스 신부님은 내가 알베르게에 들어올 때 자원봉사자인 줄 알았을 정도로 면바지와 티 차림의 평범한 40대 스페인 남성의 모습을 하고 있었다.

제투류 씨는 포르투갈어로 한참 설명을 하는데 수녀님이 통역을 해주셨다. 대충 알아들은 바로는 그림에서 교회의 첨탑을 떠올렸는데 순례길을 안전하게 지켜주시는 신께 감사한다는 내용인 것 같았다. 투박한 외양과는 달리 신실한 제투류 씨. 이번에는 내가 그에게 엄지척을 해주었다.

자나는 영어 대문자 I가 누워져 있는 카드 그림에서 아기침대를 떠올렸다 한다. 결혼한 지 10년이 지났지만 아직도 아이가 없어서 그림처럼 아이를 침대에 누일 수 있었으면 좋겠다고 한다. 마라톤으로 전 세계를 누비는 자나의 속마음을 조금은 알 것도 같아 마음 한쪽이 싸해졌다.

약간 충격적인 이야기도 있었다. 60대의 프랑스 여성은 새장이 그려진 카드를 들어 보이며 이 새장은 자신의 집이라 한다. 무심코 얘기를 듣던 나는 깜짝 놀라 무슨 얘기인지 집중해서 듣기 시작했다. 얘기인즉, 여성의 남편은 의처증이 심해 여성이 외출만 하고 들어오면 트집을 잡고 폭력을 행사한다고 했다. 그래서 수년째 거의 집에서만 생활을 하다 작년부터 1년에 한 차례씩 시간을 내어 까미노 프랑스길을 걷기 시작했다고 한다. 순례길을 걸으며 그녀는 해방감과 정신적인 위로를 받는다며 눈물을 훔쳤다. 얘기를 들으며 프랑스 같은 개방적인 나라에서도 이렇게 사는 여성이 있다는 사실이 믿기지 않았다. 겉보기에는 지적으로 곱게 나이 든, 무엇 하나 부족할 게 없어 보이는 여성인데 참 안타까운 마음이 들었다.

이들 외에도 볼리비아에서 온 여성과 스페인 중년 남성의 이야기가 이어졌다. 다들 순례길에서의 평화와 안식에 관한 내용들이었는데 토마스 신부님이 스페인어는 영어로 통역을 해주어 알아들을 수 있었다. 내 옆에 앉은 토마스 신부님이 내 차례라며 카드를 보이라고 해서 카드를 들고 '무지개'라고 얘기했다. 어제 아침 프로미스타에서 무지개를 봤을 때의 감동을 얘기하며 그 무지개가 하나님이 내게 보여주시는 희망의 표시였음 좋겠다는 얘기를 했다. 얘기를 마치자 토마스 신부님이 무지개는 하나님이 우리들을 축복하시겠다는 언약의 표시라며 내가 본 무지개도 하나님의 축복의 표시가 맞을 거라고 응원하신다.

까미노를 걷는 사연을 얘기하고 있는 순례자들

끝으로 지은 양이 물음표가 그려진 카드를 들어 보이며 대학 졸업 후 5년간 다니던 직장을 때려치우고 자신이 정말로 하고 싶은 게 뭔지 알고 싶어 까미노를 걷고 있다는 얘기를 했다. 스물아홉의 대한민국 아가씨. 한번은 자신의 삶을 흔들어 자신의 진짜 삶이 어떤 건지 확인해보고 싶은 나이. 토마스 신부님은 지은 양의 물음표 카드를 보며 "Questioning is the way of finding truth 질문은 진리를 발견하기 위한 길"이란 말씀을 하시면서 찾고자 하면 찾을 것이라는 성경 말씀으로 지은 양을 축복하셨다.

순례자 모임이 끝나고 7시부터 열리는 미사에 다 같이 참석했다. 성당에서 영어와 스페인어로 미사를 집전하시는 토마스 신부님의 모습은 아까와는 다른 모습이었다. 나이 든 신부님이 계셨는데 토마스 신부님을 보조하

베네딕토 수도원 알베르게 저녁식사 나눔

토마스 신부님과 함께

는 걸로 보아 젊은 나이임에도 신부님들 사이에서는 위계가 높은 듯했다.

미사를 마치고 8시부터는 저녁식사가 시작된다. 이곳의 저녁식사는 순례자들이 음식을 사 와서 나누어 먹는 형태이다. 나는 순례자 모임이 끝난 뒤 슈퍼에서 사 온 냉동피자와 스파게티를 주방봉사자들한테 전달했다. 사람들은 순례자 모임 때보다는 훨씬 늘어 20명이 넘었다. 토마스 신부님을 포함해서 자원봉사자들도 함께 식사하며 순례자들과 대화하는 즐거운 시간이었다. 나는 토마스 신부님 옆에서 식사하는 행운을 누렸다. 토마스 신부님과 짧은 시간 나눈 대화에서 친구 같은 편안함을 느꼈다.

03

채식주의자

사아군-엘 부르고 라네로-렐리에고스 30km

오전 7시, 짙은 아침안개 속의 산 베니토 아치와 산타크루즈 수도원 건물이 중세의 미스틱한 분위기를 자아내고 있는 광장을 지나 사아군을 벗어나고 있다. 언제나 이른 아침 시간에는 거리가 고요하지만, 토요일 아침의 산 베니토 거리에는 안개만이 자욱하다. 사아군은 짧은 시간 동안 내게 많은 경험과 추억을 만들어주었다. 난생처음으로 작은 방에서 남녀 혼숙을 경험하고, 카드를 통해 까미노를 걷고 있는 사람들의 고민도 들어보고, 순례자들과 자원봉사자들, 그리고 토마스 신부님과 함께 한 저녁식사도 너무 좋았다.

오늘은 자나와 제트류 부부와 함께 출발해서 렐리에고스까지 같이 걸을 생각이다. 어쩌다 보니 브라질 패밀리가 되었는데 같이 있는 시간이 길어질수록 언어소통의 불편이 크게 느껴진다. 내가 스페인어를 좀 잘했더라면 하는 생각이 내내 들었다. 이들은 포르투갈어를 사용하는데 스페인 사람들과 소통하는 데는 불편함이 없어 보인다.

사아군을 벗어나 어제처럼 도로를 따라 한 시간 남짓 걷고 있는데 길옆 공원에서 휴지를 줍고 있는 두 사람이 있다. 무심코 지나가려다 얼핏 얼굴을 보니 어제 식탁에서 봤던 순례자들이다. 브라질 일행들에게 먼저 가라고 하고 두 사람한테 다가가서 "올라!" 하고 인사하니 그중 야구모자를 쓰고 수염을 길게 기른 아저씨가 나를 알아보고 손짓을 한다. 어깨에는 배낭을 메고 한 손에는 커다란 비닐봉지를, 다른 한 손에는 집게를 든 영락없는 넝마주이 차림새였다.

스페인 사람들이었는데 순례길을 걸으며 이렇게 공원을 지날 때마다 자원해서 쓰레기를 줍는다고 한다. 내가 도와줄 게 없냐고 하니 들고 있던

쓰레기를 수거하는 순례자

노란 바구니를 건넨다. 받아보니 그새 주워 담은 공병과 비닐 팩들이 들어 있다. 야외공원이 끝나는 지점까지 두 사람을 따라가 보니 그곳에 커다란 쓰레기통이 있다. 그동안 스페인 마을과 도시를 지나며 거리의 쓰레기 관리에 대해서는 익히 봐왔던 터라 새삼스러울 것은 없었지만, 배낭을 멘 채 자발적으로 쓰레기를 치우는 모습을 직접 보니 많은 걸 느끼게 된다.

스페인 아저씨들과 작별 인사를 하고 걸음을 다시 재촉한다. 안개가 자욱했던 들판은 9시가 넘어서부터는 빠르게 걷히기 시작한다. 안개가 걷히며 푸른 평원과 파란 하늘이 드러난다. 요 며칠 날씨가 흐렸던 탓에 파란 하늘이 반갑다. 스페인은 역시 푸른 들판과 파란 하늘이 있어야 제격이다.

엘 부르고 라네로 마을에 접어들어 앞서가던 순례자를 지나치는데 보니 안면이 있는 얼굴이다. 둘째 날 에스피날에서 만났던 채식주의자인 독일 할아버지였다. 내가 반가운 얼굴로 "Hi, Mr. Vegi" 하며 장난스럽게 인사하니 할아버지도 나를 알아보고 "크리스, 동물은 친구인 거 알지?" 하고 역시 장난삼아 말을 건네주신다. 베지 할아버지는 오늘 이 마을에서 머문다고 한다. 아직 11시밖에 안 되었지만 여기서 다음 마을인 렐리에고스까지는 12km를 더 걸어야 했다. 마을 골목에서 베지 할아버지와 작별 인사를 했다. 에스피날 저녁 식탁에서 처음 봤을 때부터 왠지 친근감이 가던 할아버지다. 동물은 친구라고 입버릇처럼 말하는 베지 할아버지, 그렇지만 모든 동물을 친구로 삼기에는 내 부실한 근육이 고단백을 요구하고 있답니다.

다시 메세타는 이어진다. 도로와 나란히 이어진 길이지만 다니는 차량도 없다. 12시를 지나며 태양은 더 이상 고독한 순례자의 친구가 아니다. 손수건을 꺼내어 머리에 두르고 모자를 고쳐 쓴다. 뭉게구름들도 아이들 손에 쥐어진 솜사탕처럼 태양에 빠르게 녹아 없어진다. 길 위에 움직이는 생명체는 나 혼자밖에 없다. 고독하다. 그래, 역시 메세타는 고독하게 걸어야 맛이지…. 얼마를 그렇게 걸었을까, 드디어 멀찍이 허름해 보이는 마을 입구가 보인다. 오늘의 목적지 렐리에고스 마을이다. 엘 부르고 마을에서 꼬박 세 시간을 혼자 걸었다.

오늘의 숙박 장소인 뮤니시플 가이페로스 알베르게는 마을 입구에서 한참을 들어가서야 나왔다. 주인장은 사람 좋아 보이는 스페인 중년 아저씨이다. 한국인이 많은 탓인지 우리말을 꽤나 많이 아신다. 한국말로 "빨래 집게 많이 있어" 하며 챙겨주시는 걸 보니 이분 사업 좀 하신 솜씨다. 입실 등록을 끝내고(숙박비 5유로) 2층으로 올라가니 넓은 식당과 두 개의 큼직한 도미토리로 구분되어 있다. 벌써 들어온 우리나라 사람들도 여럿 보인다. 자나와 제투류 씨 부부도 오늘 이곳에 묵는다고 했는데 아직 도착하지 않았는지 보이질 않는다. 일단 빛의 속도로 샤워와 빨래를 마치고 알베르게를 나왔다. 아까 봐둔 동네 입구에 있던 카페에 들어가 맥주와 토르티야 한 쪽으로 허기와 갈증을 달랬다.

저녁은 자나와 제투류 씨 부부와 함께 했다. 나는 와인 한 병, 바게트 빵과 미트볼 캔, 그리고 언젠가부터 국물과 사랑에 빠진 스페인 닭고기 컵라

브라질 순례자들과 함께한 저녁

면 두 개를 들고 테이블로 나갔다. 아까 외출했다 들어오다 자나를 만나 오늘 저녁은 제투류 씨 부부와 같이 먹자고 말해둔 터였다. 오늘은 제대로 브라질 패밀리처럼 오붓하게 같이 저녁을 먹는다. 은근히 브라질 사람들은 뭘 먹을지 기대가 된다. 그런데 기대가 너무 컸던 걸까, 샐러드와 치즈, 그리고 삶은 계란이 전부다. 아, 이 사람들 굉장히 건강한 식습관을 가졌네….

자나는 치즈 한 덩어리 달랑 갖고 와서 와인만 홀짝이고 있다. 미트볼을 덜어주려 하자 손사래를 치며 자기는 채식주의자라 한다.

음… 이래저래 순례길에서의 푸짐한 만찬은 나와는 인연이 없나 보다. 그래도 이렇게 함께 저녁을 나눌 수 있는 사람들이 있으니 감사하다.

04 ___

순례길의 풋풋한 웃음소리

렐리에고스-만시야 데 라스 물라스-아르카우에하-레온 25km

대부분의 뮤니시플 알베르게와 마찬가지로 이곳 가이페로스 알베르게도 젊은이들이 많았다. 어제 내 침대 옆에는 이탈리아 아가씨들이 투숙하며 늦게까지 수다를 떠는 바람에 아침 7시가 되어서야 일어났다. 이 시간이면 대체로 도미토리는 썰렁하다. 그런 만큼 화장실을 여유 있게 사용할 수 있다는 장점이 있다.

이제는 배낭을 풀고 다시 꾸리는 데에도 그다지 시간이 많이 걸리지 않는다. 늦어진 김에 식당으로 가서 어제 먹다 남은 바게트에 초리소를 썰어 넣고 오렌지 주스까지 곁들여 제대로 아침을 챙겨 먹었다. 이제 곧 해가 뜰 시간이니 선크림도 미리 바르고 간다는 게 소염제를 얼굴에 펴 발라 식겁했다. 너무 여유를 부린 게다.

마을 골목을 나서니 어느새 아침 해가 솟아 있다. 마을을 완전히 벗어날 때까지도 순례자들의 모습은 보이지 않는다. 늦게 출발하면 이런 게 좀 안 좋다. 졸지에 낙오자가 된 느낌이다. 대신 열심히 걷게 된다. 가다 누구라도 모습이 보이면 반갑고 "올라" 하고 인사하게 된다. 그러다 얘기가 서로 시작되기도 하고….

그래, 오늘도 가슴을 열고 누군가를 받아들이자.

걷다 보니 너른 목축지가 나온다. 송아지들도 엄마소 옆에 바짝 붙어 열심히 풀을 뜯는다. 세상 행복한 소들이다. 바스크 지역에서 흔히 보이던 이런 방목장을 오랜만에 보니 반갑다.

이어 첫 마을이 나타난다. 만시야 데 라스 물라스라는 긴 이름을 가진 이 마을은 과거 카스티야 왕국과 레온 왕국의 중간 지점에 위치해 있어서 군사적 요충 지대였다 한다. 마을 초입에 '야고보의 문 Door of Saint James'이란 이름의 허물어진 성벽 기둥을 지나게 된다. 보기에 따라선 흉물스러울 수 있는 무너진 담벼락도 이렇듯 멋진 이름으로 거듭날 수 있구나 감탄하게 된다.

마을을 벗어나니 작은 개울 옆으로 울창한 숲이 나타나고 그 숲을 가로질러 순례길은 이어지고 있다. 레온 18km로 적혀 있는 도로 표지판을 지나자 드디어 순례자들의 모습이 보이기 시작한다. 앞에서부터 깔깔대는 웃음소리가 들려온다. 다가가 보니 어제 밤늦도록 조잘거리던 이탈리아

성 야고보의 문

아가씨 3명이다. "올라" 하며 지나가려 하자 저들도 "올라" 하며 뭐가 우스운지 또 깔깔댄다. 아가씨라고 하기엔 이제 막 고등학교를 졸업했을 것 같은 어린 소녀들이다.

어제 내 옆의 침대를 썼던 아가씨한테 "세 명 같이 사진 찍어줄까?" 하고 물었더니 좋아라 한다. 그녀의 사진기로 사진을 찍어주고는 "부엔 까미노" 하고 앞질러 걸었다. 사진을 번갈아 보면서 뭐라 조잘거리며 깔깔대는 웃음소리가 뒤에서 들려온다.

까미노길에서 흔치 않은 풋풋한 젊음들이다.

05 —

멋진 도시 레온

'비야모로스 데 만시야'라고 하는 흡사 마을 전체가 유적지 같은 작은 마을을 지나고 한참을 걷다 보니 파란 하늘을 배경으로 언덕 위에 옹기종기 집들이 보인다. 아르카우에하 마을이다. 마을로 진입하는 길옆으로 양귀비꽃과 유채꽃이 한가득 피어 있는 꽃밭이 널따랗게 펼쳐져 있다. 따스한 햇살 속에 꽃밭에서 풍기는 꽃 내음이 코끝을 간지럽히는 평화로운 마을이다.

아르카우에하 마을을 지나 레온 도심에 접어들고서도 30분을 걸어서야 드디어 오늘의 숙소 베네딕토 수도원 알베르게 '산타 마리아 데 카르바할 santa maria de carbajal에 도착했다. 수도원 전체를 알베르게로 개조해서 사용하는 침대 수 232개의 대형 알베르게이다. 입실하는 곳에서부터 남녀를 분리해서 입실 절차를 진행하는 바람에 도중에 만나 함께 도착했던 자나와 별도로 약속도 하지 못하고 헤어졌다.

산타마리아 카르바할 알베르게

알베르게는 엄청나게 큰 공간을 몇 등분으로 구분하여 침대가 놓여 있다. 처음 배정받은 침대가 입구 쪽이었는데 안내를 담당하는 자원봉사자분의 목소리가 워낙 커서 코너 쪽으로 변경했다.

일요일 오후 두 시의 레온 도심은 사람들로 엄청 붐볐다. 지금까지 살면서 한 번도 이렇게 많은 서양인들 틈에 혼자 뚝 떨어져 있어본 적이 없었다. 이토록 많은 사람들 중에 나를 아는 사람은 고사하고 내게 눈길 한번 주는 사람도 없다. 오후 두 시, 원래대로 하자면 나는 지금 시원한 맥주 한 잔에 가벼운 요기를 하며 오후의 햇살을 즐기고 있어야 했다. 그런데 지금 나는 이 서양의 인파 속에서 일말의 공포감을 느끼며 얼어붙어 있다.

사람들 틈을 헤집어가며 정처 없이 골목을 떠돌다 보니 가게 앞에 유난히 사람이 많아 보이는 타파스 레스토랑 간판이 눈에 들어온다. 그래, 여기야!

식당 안으로 들어오니 카운터 앞으로 긴 줄이 늘어서 있다. 어디를 가든 젊은 층이 많이 줄을 서고 있는 집은 일단은 가성비가 높은 곳이라고 보면 되겠지….

슬쩍 메뉴를 훑어보니 전부 스페인어로만 되어 있어서 뭔지 잘 모르겠다. 사람들의 테이블에는 다들 작은 양푼 냄비 같은 곳에 담긴 음식들을 몇 개씩 놓고 맥주를 마시고 있다. 아, 저 맥주 앤드, 타파스…. 마침 내 앞에 줄을 선 젊은 친구가 영어를 알아들어 메뉴판을 들이밀고 설명을 부탁했다. 그리하여 맥주 한잔과 닭고기에 감자튀김과 빵 한 조각이 들어 있는 4.9유로짜리 뽀요 타파스 세트를 시켰다. 딱 좋다, 오후 3시의 타파스 세트.

허기와 갈증을 살짝 달래고 여유 있는 걸음으로 레온 시내를 쏘다녔다. 레온은 도시 자체가 커다란 박물관이라고 할 만큼 보이는 건물들이 죄다 박물관 같다. 도중에 레온 대성당 앞에서 한국인 자전거 순례팀을 만나 사진을 찍어주기도 하고 카사 보티네스 앞에 전시된 현대. 기아차 앞에서 괜스레 포즈를 잡아보기도 했다. 레온 대성당에서 얼마 안 떨어진 산 이시도르 바실리카 성당은 고딕 양식의 화려한 레온 대성당과는 다른 로마네스크 양식의 웅장함을 느낄 수 있다.

저녁은 10유로를 지불하고 알베르게에서 식사권을 받아서 알베르게와 마당을 같이 쓰고 있는 호텔 레스토랑에서 순례자 정식을 먹는다. 3급 호텔이긴 하지만 호텔의 규모나 시설이 우리나라로 치면 특 2급은 되어 보이는 호텔이다. 10유로에 호텔 레스토랑에서 저녁을 먹는다니 은근히 기대가 된다. 레스토랑으로 들어가니 웨이트리스가 여러 명의 순례자들이 앉아 있는 테이블로 안내해주었다. 유럽 할아버지, 할머니들이다.

첫 코스 선택은 수프로 했다. 수프는 랜틸수프 한 종류만 된다고 한다.

레온 대성당

카사 보티네스 가우디 박물관 앞에 전시된 우리나라 자동차

약간 이상하다. 호텔에서 수프를 선택할 수 없다니…. 결론적으로 여기 호텔의 음식은 보통 알베르게에서 먹는 딱 그 수준이었다. 랜틸수프는 수프 국물이 별로 없어 캔에 들어 있는 랜틸을 데워 먹는 느낌이었고, 메인 요리는 다른 곳에서도 자주 먹었던 목살구이에 감자튀김이 나왔다. 디저트

산 이시도르 바실리카 성당 앞 광장

로는 아이스크림이 나왔는데 이게 제일 나았다.

내 옆자리에는 영국인 할아버지가 앉았는데 북한 미사일 얘기서부터 세계 역사에 이르기까지 박학다식함을 자랑하듯 얘기가 끊이질 않았다. 내 앞자리의 덴마크 아주머니가 말을 받아주며 대화를 이어갔다. 영국 영어가 원래 이렇게 피곤했었나….

06

앗! 베드버그

아침에 눈을 뜨니 웬일인지 가슴과 목 주변이 가렵고 쓰라린 느낌이 들었다. 그러다 세수하면서 거울을 보고 깜짝 놀랐다. 목 주변에서부터 시작해서 가슴까지 붉은 반점이 퍼져 물이 닿은 부분이 몹시 쓰라렸다. 앗, 베드버그!

기어이 한 번은 당하고 마는구나 하는 생각과 함께 머릿속이 복잡해졌다. 그동안 비오킬을 사용할 필요성을 거의 못 느꼈을 정도로 베드버그에 대한 생각은 잊고 있었다.

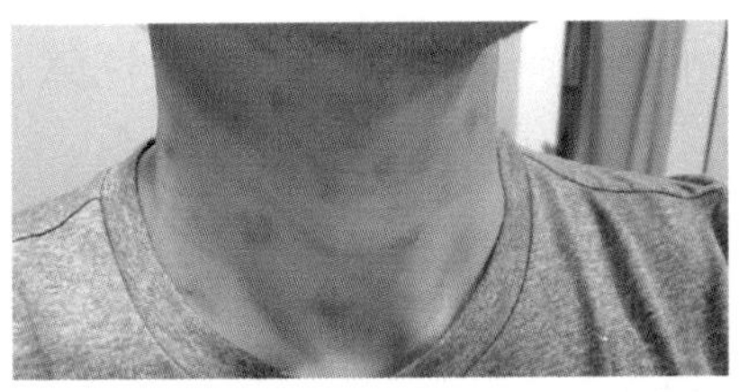
베드버그 물린 자국

사실 순례길을 걷기로 한 후 가장 걱정되었던 부분이 베드버그였다. 베드버그에 물리는 게 두려워 순례길 초기에는 알베르게에 도착하면 비오킬부터 뿌려댔었다. 그런데 침대가 200개가 넘는 이렇게 큰 알베르게에서 베드버그가 출몰하는 것이 이해가 가질 않는다. 아직 주변에서 베드버그에 물렸다는 얘기가 없는 걸 보면 나만 재수 없게 물렸나? 그럴 수도 있는 건가? 아니면 이건 베드버그가 아니고 식중독 증상인가? 별 생각이 다 드는 중에 옆에서 나를 계속 보고 있던 스페인 아저씨가 나더러 베드버그 물린 것 같으니 자원봉사자한테 가서 말을 하라고 일러준다. 카운터로 가서 자원봉사자에게 내 목을 보여주며 베드버그에 물린 것 같다고 얘기하니 별 말 없이 내 침대로 와서 시트를 걷어간다. 물론 1회용 시트이다. 그러고는 벽의 보드에 붙어 있는 인터내셔널 병원 전화번호를 가리키며 원하면 병원 가서 진료를 받아보라고 한다. 그게 다였다. 실망스러웠지만 별로 기대를 하지 않았던 터라 그러려니 했다.

여기 알베르게는 주방에 빵을 준비해두고 순례자들이 출발하기 전에 간단히 아침을 먹을 수 있게 되어 있다. 사람들 사이 빈자리에 앉아 빵에 버터를 바르고 있는데 앞에 앉은 유럽 여성이 베드버그 약을 건네준다. 치약보다 작은 사이즈의 하얀 연고였다. 약을 바른 후 감사하다는 인사를 드리며 연고를 돌려드렸다. 순례자의 고통은 순례자들이 먼저 알고 서로 도와주게 되나 보다. 조금 있으니 아까 화장실에서 봤던 그 스페인 아저씨가 다가와서 더듬거리는 영어로 알베르게에서 무슨 조처를 취해주었는지 물어본다. 내가 알베르게에서 아무것도 해준 게 없고 인터내셔널 병원 연락

처만 받았다고 하니 이 아저씨 스페인어로 혼잣말을 하시더니(느낌상 알베르게 욕을 하는 듯), 인터내셔널 병원은 진료비가 비싸고 레온 병원은 무료로 치료받을 수 있으니 레온 병원으로 가는 게 나을 거라 한다. 참 친절하신 분이다. 딱히 병원까지 갈 생각은 없었지만 걱정해주시는 마음이 너무 감사하다. 스페인 아저씨한테 고맙다는 인사와 함께 "부엔 까미노" 하며 알베르게를 나섰다. 여태껏 수도원이나 수녀원에서 운영하는 알베르게에서의 경험은 참 좋았었는데, 이곳 산타 마리아 카르바할 알베르게에서는 베드버그라는 아름답지 못한 추억을 만들었다. 하필이면 이 아름다운 도시 레온에서 말이다.

07

레온 이틀째

알베르게를 나와 어제 투숙하려 했던 호스텔 루아 35에 전화를 하니 다행히 영어가 되는 남자가 전화를 받는다. 오늘 투숙할 건데 지금 가서 짐만 좀 두고 나올 수 있겠냐고 하니 흔쾌히 그러라고 한다. 잠시 후 호스텔에 도착하니 방금 전에 친절하게 전화를 받았던 주인아저씨가 등록을 받고 아예 침대를 배정해주신다. 어제 손님이 많지 않았는지 빈 침대가 많이 보였다. 파울로 코엘료를 닮은 마음씨 좋아 보이는 아저씨다.

호스텔 알베르게 루아 35는 하룻밤에 12유로인데 특히 주방에 먹을 게 많아 좋았다. 작은 머핀과 쿠키가 놓여 있고 냉장고에 우유와 주스, 콘플레이크까지 갖춰져 있다. 12유로로 숙박과 조식을 해결할 수 있는 셈이다. 그밖에 음식을 해 먹을 수 있는 기본 양념류를 갖추고 있다. 부엔 까미노 앱에서 괜히 평가가 좋은 게 아님을 알 수 있었다. 주방을 돌아보고 거실로 나가니 어라, 대니 선생이 마치 자기 집인 양 거실에서 TV를 보고 있었다. 그제야 며칠 전 프로미스타에서 황 선생님을 만났을 때 대니 선생은 발목 상태가 나빠져서 레온으로 먼저 가서 쉬고 있다는 얘기를 들은 기억이 났다. 대니 선생은 이 호스텔에서 오늘이 꼬박 일주일째 이러고 있다며 내일부턴 다시 같이 걸을 거라 한다. 이런저런 얘기를 나누다 베드버그 얘기를 들은 대니 선생은 "그거 그냥 있으면 큰일 나요. 근처에 코인 빨래방이 있으니 가서 배낭까지 전부 드라이 돌려야 돼요" 하며 친절하게 세탁소 위치를 설명해주었다.

대니 선생이 가르쳐준 대로 세탁소를 찾아가서 막상 세탁머신을 보니 아뿔싸, 사용설명이 스페인어로만 되어 있다. 마침 옆에 세탁물을 넣고 기다리고 있는 여성이 있어 부탁을 하니 친절하게 가르쳐준다. 이 여성 그런데 미국 영어를 한다.

미국인이냐고 물으니 그렇다며 한 달째 레온에서 체류하며 관광하고 있다고 했다.

'그래, 레온을 제대로 알려면 한 달 정도는 여기서 살아야 할 것도 같다.'

그런데 나는 이 여성이 내가 온도 설정하는 걸 보며

"그거 너무 높을 거 같은데" 하는 혼잣말을 놓치지 말았어야 했다.

최고의 온도에서 20분을 버틴 나의 옷가지들은 형태가 말이 아니었다.

'아니, 세탁기가 무슨 전자레인지

세탁기 안으로 들어간 배낭

도 아니고 이럴 수가 있지?'

나일론 섬유는 녹아내리고 배낭 등판이 휘어져 잘록해졌다. 참 여러 가지 하는구나….

레온에 오면 들른다는 중국마트에 가서 신라면과 몇 가지 필요한 것들을 샀다. 스페인에는 여러 할인점 브랜드가 서로 경쟁하는데도 불구하고 우리나라 라면이 판매되지 않는다. 순례를 마치고 이유를 알아보기 위해 라면회사에 문의해본 결과 거대 화교 자본이 운영하는 중국마트와의 독점 공급 계약 때문임을 알게 되었다. 영특한 장사꾼은 좋은 물건을 먼저 알아보는 눈을 가지고 있다. 그리고 그 좋은 물건을 오랫동안 독점하는 계약을 맺는다. 독점은 공급과 수요, 즉 시장을 조절할 수 있게 되어 오랫동안 꾸준한 수익을 창출한다. 이들은 자신들이 독점한 상품에 대한 수요가 너무 커지는 것도 경계한다. 왜냐면 비슷한 상품이 생겨나기 때문이다. 중국마트가 스페인의 타 마트에 우리나라 라면을 공급하지 않는 이유일 것이다. 중국마트는 영특한 장사꾼이고 우리나라 라면회사들은 빠르고 편한 길을 택한 탓에 좋은 상품을 가지고도 제한된 시장에 만족할 수밖에 없다.

중국마트를 나와서 시간을 좀 더 보낼 생각으로 어제 인상 깊었던 산 이시도르 광장으로 왔다. 산 이시도르 바실리카 성당 주변으로 고풍스러운 건물의 호텔과 박물관 그리고 분위기 있는 음식점들이 자리하고 있다.

오후 햇살을 즐기며 한가로이 광장을 걷노라니 제대로 여행자의 흥취가

인다. 광장 맞은편 건물 앞에 사람들이 모여 있어 다가가 보니 건물은 레알 콜레히아타 박물관으로 지금 막 큐레이션이 시작되려 하고 있었다. 내친 김에 5유로를 지불하고 들어가서 큐레이터의 설명을 들으며 여러 가지 미술작품들을 감상했다. 순례길에서 처음 해보는 유료 박물관 관람이다.

예술작품에 그다지 큰 감흥을 못 느끼는 편이지만 박물관을 돌아보며 깨달은 것이 있다. 스페인이나 이탈리아 같은 나라들은 조상을 잘 둬서 조상의 유물로 먹고산다고들 한다. 그런데 사실은 그 유물을 잘 보존하고 복원하는 기술로 먹고살고 있음을 이번에 알았다. 저들의 옛것에 대한 집착과 복원 노력은 우리의 상상을 초월한다. 박물관 곳곳이 공사장 같다. 결코 시간에 쫓기지 않고 수세기 전의 작품들을 한 땀 한 땀 복원하는 저들의 노력이 놀라울 따름이다.

08

갈급한 영혼들

레온-비르헨 델 까미노-비야당고스 데 파라모-산 마르틴 델 까미노 25km

새벽에 부스럭거리는 소리에 눈이 떠져 보니 김 선생님이 짐을 챙기고 이제 막 나가려는 참이었다. 김 선생님은 어제 내가 세탁소에서 오는 길에 우연히 만나 이곳 숙소로 함께 오게 된 분이다. 깡마른 60대 중반의 중년 남자가 길거리에서 두리번거리고 있는 모습을 보니 뭐라도 도와드리고 싶은 마음에 불쑥 접근했던 것인데, 생면부지의 느닷없는 친절을 의심하지 않고 따라와 준 것도 어찌 보면 인연이랄 수 있겠다.

김 선생님은 김천 사람으로 2년 전에 은퇴한 중학교 선생님이었다. 은퇴 후 그를 괴롭히기 시작한 정체성 혼란과 우울증을 걷기를 통해 이겨나가고 있는 중이라 했다.

백두대간 종주를 비롯해서 해파랑길은 두 번이나 걸었는데, 산티아고 순례길은 영어 때문에 자신이 없어서 엄두를 못 내다 이번에 큰맘 먹고 도전하게 되었다고 했다.

매일 새벽 4시면 일어나 걷는 게 습관이 되어 내일도 일찍 나가게 될 거 같다며 미리 작별 인사를 했던 터였다. 모처럼 함께 걸을 길동무가 생겼다고 내심 좋아했는데 아쉬웠다.

김 선생님, 걷는 내내 부디 무탈하시길….

선잠을 깬 나는 좀 더 누웠다가 7시에 일어나서 주방으로 내려가니 청년들이 아침을 막 먹고 일어나는 참이었다. 오늘도 꼴찌인 모양이다. 남아 있는 식빵에다 우유와 콘플레이크까지 챙겨 먹은 후 길을 나선다. 아침 햇살에 빛나는 레온 대성당의 첨탑이 눈부시다.

호세 로페즈의 순례자상

산 마르코스 광장을 지나며 광장 한가운데 있는 순례자상에 눈길이 머문다. 인터넷에서 익숙한 순례자상이다. 신발을 벗어놓고 십자가 돌기둥에 기대어 두 손을 모으고 눈을 감은 채 하늘을 향하고 있는 순례자의 모습에서 고단한 삶 가운데 하나님의 음성을 듣고자 하는 갈급함이 느껴진다. 청동으로 어떻게 이렇게까지 영성을 잘 표현할 수 있을까… 궁금해서 나중에 작가를 찾아보니 호세 로페즈José María Acuña López라는 스페인 갈리시아 지방의 예술가였다. 놀라운 것은 그의 형제는 8형제였는데 그중 호세 로페즈를 포함해서 4명이 청각장애인이었다 한다. 아마도 순례자상에서 느껴지는 갈급함이야말로 그가 평생 청각장애로 살며 하나님의 음성을 듣고자 한 그 갈급함이 아니었을까(출처: https://deafculturecentre.ca/artist_cat/jose-maria-acuna).

레온 시가지를 벗어나 언덕길로 접어드니 며칠 전 모라티노스에서 본 것과 비슷한 호빗 마을이 나타난다. 그런데 여기는 실제로 사람이 살아도

두 갈래 길

될 만큼 입구가 크고 넓다. 아마도 창고로 활용되는 듯하다. 다시 한 시간 남짓 걸으니 첫 번째 마을 라 비르헨 델 까미노 마을로 접어든다. 마을의 대로변에 현대식 성당이 있는데 성모의 발현이 있었다는 비르헨 델 까미노 성모 성당이다. 성당 전면에 포스트모던적인 13개의 청동 조각상이 서 있다. 가운데 있는 성모상 양옆으로 12제자를 표현한 듯하다.

성모 성당을 지나 조금 걸어가니 노란화살표가 두 개가 나타난다. 하나는 그대로 직진, 다른 하나는 우회로이다. 직진 길은 여태 왔던 것처럼 도로와 나란히 가는 심심한 길이고 우회로는 야트막한 언덕을 넘어가는 길이다. 나는 주저 없이 그냥 직진한다.

길은 도로와 잠시 멀어져서 다시 호젓하게 계속된다. 사람들이 대부분 돌아가는 길로 간 걸까? (나중에 듣게 되었는데 그 길의 풍광이 좋다고 한다) 이 길에는 순례자의 모습이 보이지 않는다. 어느새 하늘은 구름 한 점 없는 파란 망망대해로 변해 있다.

우리나라의 하늘도 지금쯤이면 이토록 푸를까? 스페인의 하늘이기에 더 푸른 것일까?

눈이 부시게 푸른 날이라 했다. 시인은 시를 썼고 그 시인을 좋아했던 가수는 노래를 불렀다. 시인이 듣고 그의 시를 표현할 수 있는 최고의 노래라며 좋아했다 한다. 그 시절, 젊었던 우리들 가슴은 또 얼마나 아렸던지….

눈이 부시게 푸르른 날은,

그리운 사람을… 그리워하자.

얼마를 걸었을까, 호젓한 이 길을 호젓하게 걷고 있는 여성 순례자의 모습이 보인다. 가까이 다가가서 보니 안면이 있는 얼굴이다. "올라" 하고 인사하니 들릴 듯 말듯 "하이" 하고 만다. 저 수줍은 듯도 하고 거만한 듯도 한 표정이… 아, 생각났다. 순례길 둘째 날 에스피날에서 K 양과 얘기하던 아가씨다. 어리기도 하고, 말없이 새침한 표정 때문에 서로 눈인사도 한 적이 없었는데 어색하게 이런 길에서 만나게 되네.

단둘밖에 없는 길에서 쌩까고 그냥 지나칠 수가 없어서 말을 붙여본다.

"너 혹시 나 본 적 있니? 난 너 본 적 있는데…."

이 아가씨, 의외로 놀라는 표정이 귀엽다.

"너 혹시 에스피날에서 두툼한 안경 끼고 요렇게 생긴 K 양이라고 기억나니?"

그제야 이 아가씨 목소리가 살아난다. 호주 아가씨 에이미 양이다. 에이미는 글을 쓰기 위해 엄마가 걸었던 산티아고 길을 걷는다고 했다. 속사정은 모르겠지만 새침하고 내성적으로 보이는 그녀에게는 이 길이 이미 예정된 길인지도 모르겠다. 어떤 글을 쓰고 싶으냐고 내가 물으니 엄마 얘기를 쓰고 싶단다. 스페인에서 태어나 어린 시절에 호주로 건너와서 농사짓고 농장일 하며 가족들에게 헌신한 엄마라고 한다. 이 호주 아가씨한테 이 까미노는 엄마가 되어 걷는 길일 게다. 엄마의 삶으로 가는 여행. 얼마나 사랑하면 혹은 얼마나 그리워하면 한 사람의 삶을 책으로 그려낼 수 있을까….

눈이 부시게 푸르른 날은,

그리운 사람을… 그리워하자.

에이미와는 30분 정도 같이 걷다 다음 마을인 발베르데 데라 비르헨 마을에서 헤어졌다.

09

산 마르틴 델 까미노의 밤

정오를 지나며 본격적으로 달아오른 태양 아래 마치 사막을 걷고 있는 것 같다는 생각이 들 즈음 비야당고스 델 파라모Villadangos del Paramo 마을을 지난다. 비야당고스 마을을 지나자 정말 사막 속의 오아시스처럼 시원한 숲이 나타났다. 여기서부터 오늘의 목적지 산 마르틴 델 까미노까지는 4km만 걸으면 된다.

숲길을 지나가는데 길옆 벤치에 맨발로 누운 채 이어폰을 끼고 흥얼거리는 여성 순례자가 보인다. 복장으로 보아 나이깨나 먹은 한국 여성이 틀림없는데 남의 눈 아랑곳하지 않는 모습이 대단하다. 까미노를 즐길 줄 안다고 해야 할지… 아무튼 진정한 휴식의 지존이 아닌가 싶다.

숲길은 예상외로 금방 끝나고 다시 도로 옆 들판 길을 따라 걷다 보니

비에라 알베르게

멀리 산 마르틴 델 까미노 마을이 보인다.

마을을 약 1km 정도 못 미쳐 도로 옆에 미군 막사처럼 멋대가리 없게 생긴 건물이 나타났다. 오늘의 숙소 비에라 알베르게이다. 까미노 앱의 평가가 좋은 편이고 특히 순례자들이 함께 먹는 저녁에 대한 평이 좋아 예약한 곳인데 첫인상은 약간 실망스럽다.

알베르게 입구에서 등록을 마치고(숙박비 7유로) 침대를 배정받아 도미토리로 들어와서 보니 객실 내부는 의외로 깔끔하다. 화장실과 샤워실이 충분하지는 않지만 불편할 정도는 아니었다. 우리나라 펜션 같은 느낌도 살짝 들고 사설임에도 저렴한 숙박비에 실용적인 시설이 마음에 드는 숙소이다. 마당에 손빨래 싱크대를 설치하여 빨래를 바로 널 수 있는 점도 아주 맘에 든다. 이곳의 가장 큰 장점은 역시나 함께 나누는 저녁이다. 마

비에라 알베르게의 초대형 파에야

을까지 가려면 1km를 더 걸어야 하기 때문에 투숙객들 거의 대부분은 여기서 함께 순례자 정식을 먹는다.

압권은 30명이 너끈히 먹을 만큼 초대형 팬에 조리된 파에야이다. 카트에 실린 파에야 팬이 등장하자 사람들은 일제히 환호를 보낸다. 비주얼 못지않게 맛도 일품이다. 이어서 나온 돼지갈비찜도 푸짐하고 맛있었다. 베드버그 후유증으로 와인과 고기를 양껏 즐기지 못한 게 아쉬웠지만 그 어느 때보다도 즐거웠던 저녁시간이었다. 오랜만에 같은 알베르게에 투숙하게 된 승엽이와 오늘 처음 보는 정애 씨가 같은 테이블에 앉았다. 정애 씨는 낮에 숲길 옆 벤치에 누워 휴식을 취하던 바로 그 여성이었다. 그리고 내 옆에 앉은 이탈리아인 마리오 씨는 어쩌다 자기 일행과 떨어져 우리 테이블에 함께 앉게 되었는데 62세의 나이에도 불구하고 청년처럼 활기 넘쳤다. 매번 스마트 폰의 구글 통역기능을 켜느라 옆에서 내가 좀 바빴지만 마리오 씨 덕분에 나머지 세 사람도 유쾌한 시간을 보낼 수 있었다. 정애 씨는 내가 베드버그 물렸다는 얘기에 한국에서 지어 온 약을 하루치씩이나 먹으라고 주었다. 이틀이 지나서 괜찮다고 하는데도 이럴 때 쓰려고 많이 지어 왔다며 막무가내였다. 하여간, 대한민국의 아줌마들이란… 근데 이 아줌마 왠지 싫지 않다. 이 여성 나이는 어떻게 될까… 40대 후반? 50대?

비에라 알베르게의 저녁식사

즐거운 저녁 시간이 끝나고 소화도 시킬 겸 숙소 밖으로 나왔다. 대지는 서서히 어두워지고 지평선 너머에는 눈부셨던 오늘 하루를 기억하라는 듯 저녁노을이 빛나고 있다. 눈에만 담아두기 아까워 스마트폰을 꺼내 이 시간을 담는다. 그리고 '평화'라고 이름 붙여본다.

산 마르틴 델 까미노의 밤은 '평화'라는 이름으로 찾아왔다.

10

함께여서 즐거운 길

산 마르틴 델 까미노-오스피탈 데 오르비고-비야레스 데 오르비고-아스토르가 23km

어제 정애 씨가 준 약 덕분인지 아침에 세수하면서 보니 목 주변의 붉은 반점이 많이 가라앉았다. 어제까지 연고만 발랐을 때는 별 차도가 없었는데 오늘 아침에는 가려움증도 덜하고 확실히 반점들 크기가 작아졌다. 우리나라 처방약이 세긴 센 모양이다. 그나저나 처방약을 어떻게 미리 지어 올 수가 있었을까 궁금하긴 하네….

오늘은 오래간만에 일찍 길을 나선다. 아침 6시 50분, 아침노을로 인해 붉게 물든 산 마르틴 델 까미노의 광활한 대지가 어릴 때 보던 서부영화의 한 장면 같다. 저 너른 대지 위를 오늘 또 걷는다. 늘 그래왔듯 까마득히 보이던 길이 묵묵히 앞만 보고 걷다 보면 어느새 지나오게 된다. 오늘은 아스토르가까지 23km만 걷는다. 거리도 짧지만 평탄한 길이다. 메세타를 지나며 지친 심신을 가볍게 소풍 가듯 걸으라는 보너스 같은 길이다.

마을을 지나는 길에 황 선생님과 만나 같이 걷게 되었다. 어제 호스텔에서 나와서 한 번도 도중에 만나질 못했는데 오늘 또 이렇게 길에서 뵙게 된다. 대니 선생과 어제 같이 출발했었는데 오늘 아침에는 또 보이지 않는 걸 보니 발목 상태가 아직 완전히 나아지지 않았나 보다.

얼마 걷지 않아 첫 마을 오스피탈 데 오르비고Hospital de orbigo가 나온다. 황토밭에 몇 가구 옹기종기 모여 있는 작은 마을이다. 마을 골목에 있는 바에서 간단히 아침을 먹고 가려고 황 선생님과 들어갔다. 동행이 있으면 이렇게 아침시간에 바를 들르게 된다.

아침에 바에서 토르티야 한 쪽과 카페 콘 레체 한 잔은 까미노의 빼놓을 수 없는 행복이다.

그동안 주로 혼자 출발했던 탓에 숙소에서 먹고 오거나 걸으면서 대충 해결했다. 그런데 오늘은 황 선생님을 만나 오랜만에 아침 행복을 누려본다. 그러고 보니 프로미스타 이후 황 선생님과 처음 같이 걷는데 걸음은 여전하시다. 발가락에 물집 하나 잡히지 않았다고 한다. 대기업 중역 출신이시라는데 아마도 군 장교생활을 오랫동안 하신 게 아닌가 싶다.

조금 있으니까 대니 선생과 정애 씨가 같이 들어온다. 까미노 20일 차가 지나니 이제 우리나라 사람들끼리는 웬만하면 다들 서로 아는 얼굴들이다. 정애 씨는 나더러 언제 출발했냐, 베드버그 물린 데는 좀 어떠냐 하며 상냥하게 물어봐 준다. 어제 처음 봤지만 한 테이블에서 기분 좋은 저녁을 함께 한 탓에 친근하게 느껴진다. 이제부턴 나도 혼자 걷지 말고 이분들과 팀을 이뤄 함께 다니고 싶단 생각이 든다. 그러고 보니 로그로뇨에서 대호 형님과 떨어진 이후 우리나라 사람들과 같이 걸을 기회가 없었다. 물론 함께 다니다 보면 금방 또 불편해지겠지만…. 뒤에 온 대니 선생과 정애 씨는 먹을 거 다 먹고 멀뚱하게 있는 나와 황 선생님은 아랑곳하지 않고 여유롭게 커피를 마시고 있다. 순간 어제 비야당고스 마을 숲길 벤치에서 혼자 누워 즐기던 정애 씨의 모습이 떠올랐다. 도통 나이 가늠이 안 되는 이 아줌마는 뭐 하는 사람일까. 늘 미소 띤 얼굴에 상냥한 말투로 보아 서비스업에 종사하는 것 같아 보이는 게 보통 내공은 아닌 듯하다. 대니 선생의 얼굴이 오늘따라 유난히 밝아 보이는 건 오랜만에 다시 걷는 때문만은 아닌 것 같다.

아무튼 늦게 시작한 두 사람을 기다려주느라 바에서 시간이 많이 지체되었다. 뭐, 그런들 어떠랴 오늘은 편안한 마음으로 천천히 걷자.

바에서 나오니 긴 돌다리가 나온다. 여태까지 지난 다리 중에 가장 길어 보인다. 다리를 지나는데 흡사 남한산성길을 걷는 느낌이다. 로마 시대에 처음 만들어졌다고 하는 이 다리는 오르비고 다리Puente de Orbigo인데 Puente del Passo Honroso, 즉 '명예로운 걸음의 다리'라고 하는 독특한 별명을 가지고 있다. 이름에 얽힌 사연은 이러하다.

때는 1434년, 카스티야 왕국 레온 지역의 저명한 '키뇨네스 가문의 돈 수에로'라고 하는 기사가 '도냐'라는 여인을 사랑하게 되면서 객기를 부리

명예로운 걸음의 다리

기 시작한 것이 이야기의 발단이다. 돈 수에로는 여인의 사랑을 구할 때까지 스스로 맹세하고 매주 목요일마다 목에다 쇠고랑을 차고 다녔다 한다. 그러나 여인으로부터 사랑을 얻지 못하자 더 이상 쇠고랑을 차고 다니는 행위를 멈출 명분으로 엉뚱한 이벤트를 기획하게 된다. 말을 탄 채로 갑옷을 입고 '랜스lances'라고 하는 긴 창으로 대결을 벌이는 '후스타(영어로는 joust)' 경기를 오르비고 다리위에서 한 달간 개최하기로 하고 후안 2세에게 승낙을 받았다. 자신을 포함한 10명의 기사가 유럽 전역의 도전자들을 상대로 대결해서 상대방의 랜스 300개를 부러뜨릴 때까지 토너먼트 방식으로 시합을 이어가던 중 한 사람의 사상자가 발생하며 경기는 중단되었다.

스스로의 맹세를 지키기 위해 엉뚱하게도 다리 위에서 후스타 시합을 벌이게 된 것이 계기가 되어 이때부터 오르비고 다리는 'Puente del Passo

Honroso', 즉 '명예로운 걸음의 다리'라는 이름으로 불리게 되었다 한다. 오늘날에도 돈 수에로가 시합을 벌였던 6월 초 성 야고보 축일을 전후하여 온 마을 주민이 중세 복장을 하고 후스타 시합을 포함한 축제가 벌어지고 있다. 한편, 돈 수에로 키뇨네스의 순수하고 엉뚱한 행동은 세르반테스에 의해 돈키호테로 다시 태어나게 되었다(자료참조: Diario de Leon, https://www.diariodeleon.es 및 https://fascinatingspain.com).

11

길 위의 스승 2

그사이 햇살이 많이 강해졌다. 오늘 낮 기온이 처음으로 30도를 넘는다고 하더니 일기예보가 틀리지 않은가 보다. 오월 중순에 우리나라 8월 한여름의 날씨를 벌써 경험한다. 역시 태양의 나라답다.

오르비고 다리를 건너 이번에는 비야레스 오르비고 마을로 접어들었다. 이 마을은 농촌 마을임에도 마을의 집들이 중세적 느낌보다는 80년대 우리나라 중소 도시 같은 친근한 느낌이다. 마을 중앙에 성당이 보이지 않고 대신 사각형의 돌판을 세워 음각으로 십자가를 파놓았다. 보기에 따라서는 단순하지만 여타 마을과 뭔가 좀 다른 느낌이다.

마을을 지나니 약간 오르막의 붉은 황톳길이 이어진다. 황 선생님은 두어 걸음 앞서 걷고 있고 대니 선생과 정애 씨는 서너 걸음 뒤에서 오고 있다. 나는 중간중간 풍경을 담느라 걸음이 빨랐다 느렸다 한다. 그러던 중에 반팔과 반바지 차림으로 느릿느릿 걷고 있는 외국인을 앞질러 가려다 으레껏 "올라" 하고 인사를 건넸다. 오늘 처음 만나는 외국인이다. 얼핏 걸음걸이가 불편해 보여 괜찮은지 물으니 그는 이마의 땀을 닦으며 "괜찮아, 단지 살이 좀 쪘을 뿐이야"라고 너털웃음을 터트린다. 앞서 걷고 있는 황 선생님을 의식해서 그냥 지나가려고 부엔 까미노 인사를 막 하려는데 그가 "Where are you from?" 하고 다시 말을 건넨다.

오스트리아인 크리스티앵과의 대화는 이렇게 시작되었다.

"크리스, 느리게 걸으면 (빨리 걸을 때) 지나쳐버리기 쉬운 것들을 볼 수 있어서 좋아."

여전히 웃음 띤 얼굴이지만 목소리는 차분해졌다. 굵고 울림이 있는 목소리다.

"더 자세히 볼 수 있고 더 잘 들을 수 있지. 나는 이 길을 수년 전부터 다니고 있는데 이 길을 하루에 30킬로미터 40킬로미터씩 걷는 사람들이 잘 이해가 안 돼." 걸음만큼이나 느린 영어로 그가 계속 말한다.

"8년 전 내가 이 길을 처음 걸었을 때는 아내와 함께 이벤트 대행사를 십 년 이상 꾸려오고 있을 때였지. 내게 휴식이 필요한 시점이었던 거였어. 그런데 내가 그 길을 걷고 와서 제일먼저 한 일이 뭔지 알아? 그 일을 그만두는 거였어. 그리고 얼마 지나지 않아 아내하고도 이혼했지. 회사의 지분을 아내에게 모두 넘긴 채…." 나는 묻지도 않은 자신의 신상을 얘기하고 있는 그의 얼굴을 가만히 쳐다보았다. 담담히 자신의 과거 얘기를 털어놓으면서도 그의 표정은 여전히 웃고 있었다. 순간 그 어느 길에선가 함

크리스티앵과 함께

께 걸었던 피터 선생이 떠올랐다. 그래 영국 화가 피터 선생, 집도 절도 없이 이 자연이 다 자기 것이라며 행복해하던 괴짜 화가 선생. 피터 선생도 크리스티앵과 마찬가지로 느리게 걷고 있었지. 나는 처음 피터 선생을 봤을 때처럼 크리스티앵도 자신의 실패한 삶을 미화하는 게 아닌가 하는 의심이 들었다. 그래서 나는 "지금 당신은 진심으로 행복하다고 느끼고 있나요?" 하고 짐짓 엄숙한 어조로 물어보았다. 그랬더니 크리스티앵은 "산티아고를 다녀온 다음부터는 이상하게 마음이 편안했어. 내가 하고 있었던 일에 대해서도 다른 관점으로 바라보게 되었고, 그리고 그 일은 나보다는 아내가 더 잘할 수 있을 거라는 생각이 들게 되었어. 모든 게 자연스럽게 진행되었고 나는 그냥 받아들이게 되었던 거지. 당연히 나는 지금 편안하고 행복해." 말을 맺는 그의 표정은 변함없이 잔잔한 미소를 머금고 있었

아스토르가 가는 길

다. 그의 미소 역시 피터 선생의 미소와 닮아 있었다. 의도적으로 만들어진 미소가 아니라 얼굴에 배어 있는 자연스러운 미소였다.

산티바녜스 마을에서 아스토르가로 가는 풍경은 독특했다. 너른 밀밭을 지나 비어 있는 땅이 푸른 숲으로 바뀌더니 다시 붉은 속살을 드러낸 황토밭으로 변해 있다. 크리스티앵의 얘기를 들으며 걷고 있는 이 길이 현실 세계와는 좀 동떨어진, 마치 우주의 어느 별을 걷고 있는 듯한 착각마저 든다. 햇살은 점점 더워지고 있는데 모자도 쓰지 않은 이 오스트리아 철학자가 살짝 걱정스러워질 즈음, 별 볼품없는 나무 아래 난데없이 판잣집이 하나 서 있다. 벽돌과 판자로 엉성하게 지어 올린 집에 천막과 카펫으로 문짝을 대신한 임시거처였다. 음료수와 과일 몇 개가 놓인 가판대 옆에서 히피 복장을 한 젊은 일본 여성이 담배를 피워 물고 있다. 그다지 오래 있고 싶지 않은 곳이다.

크리스티앵은 이곳이 마음에 드는지 자리 잡고 앉아선 엉거주춤 서 있는 내게 먼저 가라 한다. 이메일 주소를 받아 적고 다시 만나기를 기대한다는 인사말과 함께 아쉬운 작별을 했다.

피터 선생도, 크리스티앵도 까미노에서 두 번 다시 만나지 못했다. 아마도 그들만의 걸음걸이로 천천히 까미노를 즐기며 걷느라 중간에 만나지지 않았을 것이다. 어쩌면 그들은 아직도 느린 걸음으로 까미노를 걷고 있을지도 모를 일이다.

씨에르바스 데 마리아 알베르게

오후 1시 정각. 오늘의 숙소 씨에르바스 데 마리아 알베르게에 도착하니 벌써 많은 사람들이 줄을 서고 있다. 아침에 함께 출발했던 황 선생님 일행들은 먼저 도착해서 도미토리를 배정받은 상태였다. 이곳 씨에르바스 데 마리아는 164개의 침대를 여러 개의 도미토리에 분산시켜 놓은 공립 알베르게이다(1박에 5유로). 입실할 때 우리나라 젊은 여성이 자원봉사를 하고 있는 점도 특이했다.

늘 그래왔듯 개인정비를 끝내고 시내로 마실을 나왔다. 아스토르가는 나름의 특별한 느낌이 있는 도시다. 작은 도시임에도 시청광장을 중심으로 가우디가 설계한 박물관과 산타마리아 대성당 등 멋진 건축물들이 마

가우디 궁

아스토르가 시청 앞 광장

치 작은 레온을 보는 느낌이다.

초콜릿과 디저트의 도시라는 이름에 걸맞게 예쁘고 맛있어 보이는 초콜릿 숍과 디저트 카페들이 많았다. 둘러보는 내내 아내와 딸내미가 눈에 밟혔다. 언젠가 가족들하고 다시 산티아고 길의 도시에 올 기회가 있다면 아

아스토르가 산타마리아 대성당

아스토르가의 초콜릿과 디저트

스토르가가 영순위가 될 듯하다.

저녁은 시청 앞 광장 레스토랑에서 순례자 정식을 시켜 먹었다. 오늘 같이 걸었던 한국 분들과 저녁을 같이 할 생각이었는데 시내를 돌아다니다 보니 벌써 시간이 7시가 훌쩍 넘어 있었다. 낮에 마트에서 정애 씨를 만났는데 숙소에 몇 시 정도에 들어올 거냐고 물어 7시쯤 들어간다고 얘기했던 게 기억났다. 늦었지만 숙소로 들어갈까 잠시 망설이다 확실하게 약속을 한 것도 아니어서 별 생각 없이 광장 테이블에 앉아버렸던 거였다.

아스토르가 시청광장 레스토랑의 순례자 정식은 매우 훌륭했다. 10.5유로로 다른 도시에 비해 2유로 정도 저렴한 데다 샐러드는 싱싱하고 양도 엄청 푸짐했다. 메인은 두툼한 돼지 갈빗살을 통째로 구워냈다. 그리고 무엇보다 와인을 병째로 갖다 주어 따로 돈을 받는 줄 알고 한 잔만 달라고 하니 식사요금에 포함된 거라 한다. 와! 혼자 먹는데 와인 1병이라니, 이런 곳은 처음이다. 혼자 먹는 식사도 외롭지 않을 때가 있다. 그건 가성비 최고의 식당에서 맛있는 음식을 먹을 때이다. 아이스크림까지 다 먹고 일어났을 때는 정말 배가 터질 것 같이 불렀다.

12

해발 1,400미터 고원 피크닉

아스토르가-무리아스 데 레치발도-산타 카탈리나-라바날 델 까미노-폰세바돈 25km

오늘은 황 선생님, 대니 선생, 정애 씨 이렇게 넷이서 알베르게에서 아침을 해 먹고 삶은 계란과 바게트 샌드위치로 점심 도시락까지 든든하게 챙겨서 출발한다. 모처럼 만에 함께 출발하는 동료가 생기니 기분이 새롭다.

오전 7시 20분, 햇살 받은 산타마리아 대성당이 아름답게 빛난다. 로마네스크 양식의 성당에 고딕 스타일을 덧씌운 좀 어정쩡한 것 같으면서도 과하지 않은 딱 아스토르가다운 성당이다.

시내를 벗어나 조금 가다 보니 오래된 돌담집들이 모여 있는 마을 골목을 지난다. 제주도의 어느 시골 마을을 닮은 무리아스 데 레치발도Murias de rechivaldo 마을이다. 돌을 높게 쌓아 올려 지은 집들이 어찌 보면 순례길 초기 바스카 지역의 시골 마을과도 많이 닮은 듯하다.

제주도 돌담길을 닮은 무리아스 마을 길

오늘은 비 소식이 있는데 아직까진 푸른 하늘이 펼쳐지고 있고, 싱그러운 바람이 때 이른 더위를 막아주는 상쾌한 날씨다.

완만한 경사이긴 하지만 한없이 오르막길이 계속된다. 사람들은 말없이 묵묵히 걷고 있고 어느새 주변 풍광은 광활한 고원지대로 변해 있다.

중간에 작은 마을을 지나는 사이 일행들과 흩어져서 혼자 걷고 있다. 일행들은 아마도 이전 카탈리나 마을에서 쉬었다 오는 듯하다. 라바날 델 까미노 마을에는 채 12시가 안 되어 도착하였다. 부슬비가 내리기 시작하는데 마땅히 갈 곳도 없고 해서 길목 벤치에 앉아 일행들이 오기를 기다리고 있자니 배낭 안에 음식 냄새를 맡았는지 고양이 한 마리가 주변을 맴돈다. 미안하지만 지금 여기서 배낭을 풀 상황이 못 되는구나.

고양이랑 서로 신경전을 벌이고 있는데 정애 씨가 많이 지친 표정으로 혼자 올라오고 있다. 같이 오는 줄 알았던 일행들은 어떻게 하고 혼자냐니까 시큰둥하니 자기도 잘 모르겠단다. 그러면서 자기는 폰세바돈까지 간다며 같이 갈 테면 따라나서라고 한다. 여기서부터는 가파른 오르막길을 6km나 더 가야 하고 비까지 내리는데 오늘은 이만 걷는 게 나을 것 같다고 하자 "그러면 그렇게 하세요, 부엔 까미노" 하더니 휭하니 가버린다. 뭐냐, 저 아줌마….

머릿속이 갑자기 복잡해진다. 아침에 출발할 때는 동료가 생겨서 좋았는데… 싸 온 점심도 같이 먹지도 못하고 기껏 길목에서 기다렸더니 그동안 상냥하던 정애 씨는 왜 저러시나. 한 10분쯤 이러지도 저러지도 못하고 있는데 황 선생님이나 대니 선생은 오지도 않고 고양이 녀석만 아까부터 나를 쳐다보고 있다. 더 이상 여기서 이러고 있는 건 저 녀석한테 못할 짓이구나. 그래 가자.

아줌마 걸음이 왜 이리 빨라…. 숨이 차도록 부지런히 걸어도 정애 씨는 보이질 않는다. 순간 '내가 지금 뭐 하는 거지?' 하는 생각에 걸음을 늦추었다. 주변을 돌아보니 확 트인 시야를 통해 고산지대 특유의 멋진 풍광이 펼쳐지고 있다. 고산지대 식물들은 하나같이 억세다. 항시 불어오는 이 바람을 견디기 위함일 것이다.

고도가 높아질수록 점점 더 거칠고 무성한 식물들 사이를 헤치며 걷다 보니 정애 씨가 바로 앞에서 걸어가고 있다. 식물들에 가려 뒤에서 잘 보

고산지대 식물

이지 않았던 거다.

“아줌마 걸음이 뭐 그렇게 빨라요.” 짐짓 서운한 볼멘소리를 하자 그제야 웃는 얼굴로 “빨리 오셨네요” 한다. 헐, 내가 따라올 줄 알았다는 거야 뭐야.

“도시락은 먹었어요? 난 아까 도착해서 기다리고 있었던 건데.” 내가 물었다.

“아뇨, 아직 저도 못 먹었어요, 비도 그쳤는데 적당히 자리 피고 먹고 가시죠.”

이렇게 해서 1,400미터 고원에서의 피크닉이 시작되었다. 몇 번 면식도 없었던 유부남 유부녀가.

물론, 둘 사이에는 바람이 슝슝 지나갈 만큼 충분한 거리를 확보했다. 각자 싸 온 도시락을 먹는 탓에 굳이 가까이 앉을 이유가 없었다. 이럴 때는 바람을 두려워하면 곤란에 처해질 수도 있다.

정애 씨는 심리상담 일을 하고 있는데 자칭 이 분야에서는 좀 알아주는 편이라고 한다. 자세히 보니 오십은 되어 보이는데 애교가 느껴진다. 그래 봐야 아줌마는 아줌마다. 남편 얘기 아이들 얘기 그리고 시어머니 얘기… 아줌마는 역시 수다가 필요한가 보다. '심리상담가' 맞나? '심리상담자' 아냐…. 그동안 남의 얘기만 들어주느라 정작 자기 이야기를 풀어놓을 대상이 없었나 보다. 그렇게 한참을 혼자 떠들고 나서는 뜬금없이 외국인들이 묻듯 내게 어떻게 까미노를 걷게 되었냐고 묻는다.

나는 웃으며 "그냥 시간이 너무 많아서요" 하고 말았다.

다행히 비는 더 이상 내리지 않아 걱정했던 것 보단 수월하게 폰세바돈에 도착했다. 평이 좋은 파로이스 도네티보 알베르게에 침대가 없어 길가에 있는 컨벤토 알베르게에 물어보니 침대가 남아 있다고 한다. 의외로 라바날에서 묵지 않고 폰세바돈까지 오는 사람들이 많은 듯하다. 사설 알베르게여서 숙박비로 10유로, 순례자 저녁 메뉴 10유로 지불했다.

폰세바돈 컨벤토 알베르게

이곳 식당은 통유리로 밖을 내다볼 수 있게 되어 운치가 있다. 레온산 정상에서 불어오는 바람에 몸서리치는 나무숲을 보니 마치 외딴 산장에 대피해 있는 느낌이 든다.

저녁은 개별로 주문해서 먹었다. 음식은 그다지 임팩트가 없다. 수프는 좀 짠 듯했고 메인은 국물이 자작한 돼지갈비였다. 밥과 김치가 있으면 딱 좋을 메뉴였다.

음식을 막 시켜놓고 기다리고 있는데 우리 바로 옆 테이블에 그것도 내가 앉은 쪽에서 가까이 일본 여성이 혼자 와서 앉더니 음식을 시킨다. 내가 불쑥 다른 일행이 없으면 이쪽에서 같이 식사하는 게 어떻겠냐고 제안을 하니 이 일본 여성, 그렇게 해도 괜찮겠냐며 좋아한다. 그제야 정애 씨를 보며 "괜찮죠?" 하고 물었지만 이미 엎질러진 물이다. 옆에 있는 사람의 의견을 마땅히 먼저 물었어야 했다. 까미노길에 이틀 걸러 한 번 꼴로 혼자 밥을 먹었던 내가 저지른 오지랖으로 인해 미묘한 불편함을 감수해야 했다. 다분히 의도적인 오지랖이었기 때문이다.

13

끝없는 내리막길

폰세바돈-엘 아세보-리에고 데 암브로스-몰리나세카-폰페라다 27km

알베르게에서 아침을 챙겨 먹고 길을 나선다. 밖은 온통 비구름과 안개로 한 치 앞이 보이지 않는다. 프랑스 길에서 가장 높은 철의 십자가를 지나는 데 날씨 한번 오지다. 두고두고 기억에 남게 생겼다. 판초우의를 미리 걸치고 내가 먼저 앞장서고 정애 씨가 뒤따른다. 정애 씨도 오늘 폰페라다까지 같이 가기로 하고 어제 까미노 앱에서 평가가 좋은 '퀴아나 알베르게'에 침대 두 개를 예약해두었다. 정애 씨는 어제 내가 식당에서 불쑥 불청객을 불러들이는 바람에 다소 당황하는 눈치였는데 나중에 이런저런 얘기하면서 오해도 풀고 서로에 대해 몰랐던 것도 알게 되었다. 정애 씨는 아스토르가에서 저녁에 내가 올 줄 알고 기다렸는데, 오지도 않고 다음 날 미안하다는 말 한마디 없는 내가 좀 이상한 사람처럼 보였던 모양이다. 그러다 함께 폰세바돈을 오르며 좀 풀렸는데 다시 저녁식사 때의 황당

안개 속의 철의 십자가

함(본인 표현에 의하면)으로 인해 한마디로 좀 깼다고 한다.

생각해보니 나라는 인간이 참으로 기본이 덜된 부분이 많다. 입이 열 개라도 할 말이 없다.

철의 십자가는 돌무더기 위에 전봇대 같은 5미터짜리 기둥을 세우고 그 위에 철 십자가를 꽂은, 보기에 따라선 볼품없는 모양새이다. 이곳에서는 수천 년 전부터 제단이 있었는데 중세에 이곳에 십자가가 세워진 이후부터 순례자들이 고향에서 가져온 돌을 올려놓았다고 한다. 그러고 보면 여기 이 돌무더기들은 수백 년 이상 이곳에 쌓여 있는 것이라 볼 수 있겠다. 배낭 무게 몇십 그램 줄이기 위해 온갖 머리를 쓰는 판에 설마 요즘도 고향에서 돌을 가져와서 올리는 사람은 없을 거라 보기 때문이다.

철의 십자가에서 내려가는 길

철의 십자가를 지나고부터는 내리막이 계속된다. 안개로 시계가 좁은 내리막길을 걸어가는 일은 만만하지 않았다. 그나마 비바람이 심하게 불지 않았던 게 천만다행이었다.

내가 앞서거니 정애 씨가 앞서거니 하며 서로 대화도 없이 오직 길만 보고 두 시간을 넘게 내려오다 보니 드디어 언덕 아래 엘 아세보 마을이 보인다. 이때쯤 서서히 구름이 걷히기 시작하며 아득히 멀리 땅과 하늘이 맞닿는 부분부터 하늘이 열리기 시작한다. 두 시간 반을 내려왔는데도 세상은 여전히 발아래에 있다. 해발 1,500미터의 철의 십자가에서 해발 600미터의 몰리나세카까지 15km 구간은 이렇게 끝없는 내리막의 연속이었다.

엘 아세보 마을은 해발 1,200미터의 산등성이에 있는 작은 마을이다. 언덕 아래로 보이는 마을의 지붕이 눈이 쌓이는 걸 방지하기 위함인지 삼각

엘 아세보 마을 가는길

형 형태로 되어 있다. 마을 어귀에 있는 바의 분위기도 무척 포근하다. 따뜻한 커피와 크루아상을 먹으니 몸도 마음도 풀리며 행복감이 살며시 올라온다. 비슷한 느낌을 정애 씨도 느꼈는지 이 마을 너무 맘에 든다며 시간만 있었음 하루 묵어갔을 텐데 하고 아쉬워한다. 그러더니 바를 나와 길을 걷다 말고 자기는 이 마을을 좀 더 둘러봐야겠으니 나보고 먼저 가라고 한다. 얼떨결에 그러라고 하고선 혼자 내려오다 보니 마을 구경 좀 하다 같이 올 걸 그랬나 하는 생각이 들었지만 굳이 발걸음을 돌리지 않았다. 골짜기를 타고 불어오는 비바람에 판초우의 자락이 연신 스산하게 펄럭거렸다.

몰리나세카의 첫인상이 참 좋다. 마을 성당의 건물 양식도 다른 지방과는 다른 모습이다. 성당 앞으로 시냇물이 흐르고 그 위에 중세에 만들어진 다리가 놓여 있다.

잘 보존된 옛날 마을이 아니라 옛날 그대로 활발하게 살아 있는 마을의 느낌이다.

몰리나세카에서부터 아스팔트길을 두 시간 정도 더 걸어 드디어 폰페라다에 도착했다. 오늘의 숙소는 기아니 알베르게, 최근 지은 건물에 내부도 모던한 디자인으로 로비를 꾸며놓았고 1층 코너에 식당 겸 휴게실과 주방을 갖추고 있었다. 프런트 데스크에는 영어가 되는 세련된 젊은 남녀 두 명의 직원이 단정한 차림으로 근무하고 있다.

데스크로 가서 내 이름으로 침대 두 개가 예약되어 있다고 하니 여직원이 확인을 하더니 침대 하나는 취소되었다고 한다. 정애 씨가 미리 취소를 한

몰리나세카 마을 입구

모양이다. 엘 아세보 마을이 마음에 든다고 하더니 하루 묵고 오나 보다.

호스텔에서 시내까지는 15분 정도 걸어가야 했다. 디아 마트에서 이것저것 사다가 좀 이른 만찬을 즐긴다. 언젠가 나헤라에서 한국 아주머니가 알려준 초간단 감자요리를 시도해본다. 실하게 생긴 감자를 잘 씻어서 포크로 콕콕 찍어 전자레인지에 10분 돌리면 끝. 스페인은 감자도 파근파근하니 맛있다. 아, 그리고 스페인 소금. 몸이 많이 지쳤을 때 뜨거운 물에 소금만 좀 풀어서 훌훌 마셔도 속이 풀린다. 정말 긴 하루였다. 이렇게 지치고 힘든 날에는 일찍 자는 게 최고다. 저녁을 먹고 블로그에는 간신히 사진만 올리고 초저녁부터 곯아떨어졌다.

14

스페인 하숙의 흔적

폰페라다-카카벨로스-비야프랑카 델 비에르조 23km

폰페라다의 상징인 템플기사단의 성Castillo de los Templarios은 숙소에서 걸어서 10분 남짓 되는 거리에 있다. 중세 유럽의 전형적인 요새 형태로 지어진 이 성은 12세기 당시 레온과 갈리시아를 다스리던 페르디난도 2세에 의해 건축되었다 한다.

템플기사단의 성을 중심으로 앞에는 성 안드레스 성당이 있고 그 뒤편으로 엔시나 바실리카 성모 성당이 위치해 있다. 두 성당 모두 종탑이 날씬한 직사각형 기둥 형태로 되어 있는 현대 교회의 모습과 닮았다.

이른 아침부터 나는 중세를 한동안 거닐고 있다가 갈 길을 재촉한다.

길은 콜롬브리아노스 마을로 향하지 않고 농로처럼 작은 길로 이어지더니 이내 밀밭이 펼쳐진다. 밀밭 중간중간 빨간 양귀비꽃이 예쁘게 피어 있

템플 기사단 성

다. 메세타를 걸을 때 많이 위로가 되었던 양귀비를 오랜만에 보니 반갑다.

잠시 후 어린아이 둘과 어른 둘이 나란히 걸어가는 모습이 보인다. 며칠 전 산 마르틴 델 까미노에서 묵었던 중국계 캐나다인 가족이다. 꼬마 아이가 영어로 한참 떠들어대던 모습이 인상적이었다.

걸음을 빠르게 해서 다가서며 "올라" 하고 인사를 하니 엄마 아빠가 기분 좋은 미소로 "올라" 하고 화답을 한다. 채 마흔이 안 되어 보이는 젊은 부부다. 초등학생 어린아이들을 데리고 까미노를 하는 모습이 보기 좋다. 아이들이 힘들어하지 않느냐고 물으니, 걸을 때는 좀 힘들어하지만 숙소에 도착하면 좋아한단다. 이어 어떻게 어린아이들을 데리고 까미노를 할 생각을 했냐고 하니 이 젊은 아빠 왈, "요즘 애들은 어려움이란 걸 모르잖아요. 뭐든 모바일로 다 되는 세상이니까 불편한 걸 경험하게 해줘야겠다는 생각으로 데려오게 되었어요"라고 하는 게 아닌가. 참 많이 부끄러웠다.

오늘의 숙소 레오 알베르게(10유로)는 가정집을 개조해서 운영하는 곳으로 B사이트의 고객 평이 좋아 예약한 곳이다. 시설도 깔끔하지만 이곳은 특히 알베르게를 운영하는 마리아에 대한 칭찬 글이 많았다. 알베르게에 도착하니 훤칠하니 잘생긴 남자와 미모가 출중한 여자가 반겨준다. 입실 등록을 하는 동안 남자는 음료수를 권한다. 여성은 이 집 주인 딸로 알베르게를 운영하고 있는 마리아, 그리고 남자는 그녀의 약혼자라고 했다. 마리아의 호스피탈리티를 경험하게 된 일화가 있다. 나와 비슷한 시간에 호텔에 들어온 P 씨의 배낭이 도착하질 않아 걱정을 하고 있기에 내가 마리아에게 P 씨가 어제 묵었던 숙소로 전화해서 배낭이 아직 그곳에 있는

젊은 가족 순례자

지 확인 좀 해달라고 부탁했다. 마리아는 그 자리에서 바로 숙소에 전화해서 짐을 확인하더니 운송회사에도 전화해서 내일 아침까지 도착하도록 조처했다. 동키 서비스(짐을 다음 숙소까지 미리 옮겨주는 서비스)를 제공하는 회사가 2개 있는데 아마도 배낭을 요청한 회사의 보관 장소가 아닌 다른 곳에 두었던 것 같다고 했다. 배낭을 맡길 때 호텔 직원의 확인을 거치지 않았던 게 실수였다. 잠시 후 마리아는 입을 옷가지와 수건을 챙겨 P 씨에게 짐이 올 동안 사용하라며 주고 간다. 예약사이트에서 마리아에 대한 칭찬 글이 공연히 많은 게 아니었던 거다.

대충 할 일을 끝내고 숙소에서 간단히 늦은 점심도 해결하고 비야프랑카 마을 구경을 나섰다. 먼저 스페인 하숙의 현장을 가보기로 하고 촬영지인 산 니콜라스 엘 레알Convento San Nicolas el Real 수도원 알베르게로 향했다. 방송에서 자주 보였던 입구의 대문을 보니 반가웠다. 그런데 방송에서 나왔던 알베르게 입구 문은 봉쇄되어 있고 수도원 입구는 안쪽으로 더 가서야 나왔다. 당연히 방송에서는 전혀 볼 수 없었던 완전히 다른 장소였다. 그제야 스페인 하숙에 나왔던 도미토리룸은 방송 기간 동안 꾸민 세트였음을 알게 되었다. 봉사하고 계시는 수녀님께 한국에서 방송 촬영을 했던 장소를 괜히 물었다가 눈총만 받았다. 그래도 방송의 흔적이 어딘가에 있지 않을까 해서 수도원 주변을 돌아보니 건물 뒷마당 한쪽 구석에 쇠기둥과 폐목재들이 모아져 있는 곳이 보인다. 가서 보니 유해진이 방송에서 '이케야'라며 톱질했던 바로 그 목재들이다. 허얼, 이게 뭐라고 이리 반갑냐….

스페인 하숙 입구

스페인 하숙 흔적

15

베가 마을에서 쉼을 누리다

비야프랑카 델 비에르조-베가 데 발카르세 18km

어제 같은 알베르게에 묵었던 한국 친구들과 간단히 아침을 해 먹고 8시쯤 알베르게를 나섰다. 날씨는 더할 나위 없이 화창하다. 인호, 승엽 그리고 싹싹 발랄한 간호사 아가씨 재희 이렇게 셋이서 오늘부턴 같이 걷는다고 한다. 인호가 자기네들은 산타마리아 성당을 들러서 간단히 예배를 드리고 가려고 하는데 같이 갈 건지 물어본다. 참 기특한 친구들이다. 산타마리아 성당에 도착하자 청년들은 성당 앞에 모여서 성호를 긋고 인호는 안주머니에서 종이를 꺼내 성구를 읽는다.

이번 순례길 동안 가끔 미사에 참석하면서 어깨너머로 본 가톨릭 신자들의 예배 자세는 참으로 진지했다. 그동안 가톨릭은 형식ritual을 너무 중요시한다고 생각했었는데 오늘 아침 이 친구들의 야외 예배드리는 모습을 보며 형식은 없는 것보다 있는 것이 백번 낫다는 생각이 들었다. 어느 정도 경지에 이르면 형식은 필요치 않을 수 있다. 그러나 갈수록 자유분방해지는 우리들의 삶에서 형식은 우리를 바로잡아 주는 끈이란 생각이 든다. 예수님에 메인 끈 말이다.

아침 햇살이 비치는 비야프랑카 델 비에르조 마을은 참 평화롭고 예쁘다. 알프스산장 같은 마을 아래로 개울이 흐르고 그 옆으로는 싱그러운 숲이 자리 잡고 있다. 마을을 벗어나는 길목에 놓인 다리 위에서 서로들 사진을 찍어주느라 바쁘다. 아침 햇살을 받은 비야프랑카 마을 전경이 따뜻한 색감으로 비쳐 사진을 찍기에는 최고의 타이밍이다.

마을을 벗어나자 오르막길이 시작된다. 오늘내일 이틀간은 순례길의 마지막 높은 구간이다.

길옆으로 흐르는 시내를 거슬러 올라간다. 여름이면 시냇가에서 발도 담그며 쉬엄쉬엄 가도 좋겠다. 길은 작은 산골 마을 페레헤를 통과해서 다시 국도로 이어진다.

인호와 재희의 걸음이 느려 젊은 친구들

출발 전 미사를 드리는 청년들

아침 햇살이 비치는 비야프랑카 델 비에르조

은 천천히 뒤에서 오고 나는 좀 앞서 걷고 있다. 오늘은 다들 라파바까지 23.5km를 걷는다. 라파바까지는 길이 완만한 오르막이고 이후부터는 가파른 산길이라 여기까지 간다. 그런데 라파바에는 알베르게가 하나밖에 없는데 와이파이가 안 된다고 한다. 나는 어제까지 유심 사용 기간이 만료되어 와이파이가 안 되면 낭패라서 라파바 전 마을에서 머무를까 생각 중이다.

아스팔트길을 한 시간 남짓 걸어가는데 자전거 순례객들이 오르막을 힘겹게 오르고 있다. 걸어가기에도 쉽지 않은 이 길을 자전거로 넘고 있는 저들의 체력이 부럽기만 하다.

노란 화살표가 드디어 도로 옆으로 방향을 바꾼다. 발카르세 계곡으로

자전거 순례를 즐기는 유럽 노인들

접어드는 길목인 라 포르텔라 마을이다. 마을 입구를 지나는데 자전거 순례팀들이 손짓을 한다. 오는 길에 앞서거니 뒤서거니 하며 인사했던 사람들이다. 그런데 헬멧을 벗은 이들은 놀랍게도 다들 60대 할아버지들이 아닌가. 유럽 형아들, 정말 멋져요!

작은 마을 하나를 다시 지나고 까미노 표시를 따라 계속 걷다 보니 베가 데 발카르세 마을표지가 나온다. 산골치고 꽤 규모가 큰 마을이다. 마을 안쪽으로 더 걸어가다 보니 파란 잔디 마당이 있는 세련된 알베르게가 나온다. 입구에 '알베르게 엘 파소'라고 적혀 있다. 주변의 한적하고 아름다운 풍경과 잘 어울리는 멋진 곳이다.

'그래, 오늘은 이곳에서 좀 편안하게 쉬었다 가자!'

엘파소 알베르게

안으로 들어가니 사람 좋아 보이는 주인아주머니가 반겨준다. 오후 1시, 비교적 이른 시간이라 아직 많은 순례자들이 도착하지 않아 침대도 대부분 비어 있었다. 알베르게 내부도 최신시설로 깔끔하고 인테리어도 모던하게 잘 되어 있다. 아주 마음에 드는 곳이다(10유로).

배낭을 풀고 가깝게 있는 슈퍼에서 장을 본 후 잔디 마당에 있는 테이블에 산 미구엘 한 캔을 들고 가서 앉았다. 눈앞에 내일 올라야 할 높은 언덕이 보이고 그 아래로 작은 시내가 흐르고 있다. 파란 하늘에는 솜사탕 같은 하얀 구름들이 유유히 떠다니고 있다. 평화로운 마을이다.

참 오랜만에 누려보는 나 혼자만의 여유와 평화이다. 눈뜨면 걷고 배고프면 먹고 매일 새로운 사람을 만나고 하는 순례길의 일상에서 의외로 혼자만의 여유를 별로 누려보지 못했던 것 같다.

평생을 뒤처지지 않기 위해 늘 주변을 살피며 살아왔다. 위너Winner와 루저Loser로 이분된 세상에서 아무것도 내세울 게 없는 내가 혼자가 된다는 것은 루저가 되는 것이었다. 아직은 스스로 혼자임을 즐길 수 없지만, 이제는 게임을 바꾸어야 한다. 혼자여서 루저가 되는 게임이 아닌 혼자서도 감당할 수 있는, 혼자서도 즐길 수 있는 게임을 찾아야 한다. 그러려면 먼저 이 익숙하지 않은 혼자만의 시간이 견딜 만하고 두렵지 않아야 할 것이다.

그렇게 한참을 상념 속에서 혼자 노닐고 있는데 검정과 흰색 털이 얼굴에 반반인 강아지가 입에 공을 물고 내 옆으로 슬그머니 와서 앉는다. 지능지수가 높다는 양치기 견 보드콜리 종이다. '혼자 가만히 있음 뭐 해, 나랑 놀자'라는 듯 공을 내려놓고 나를 빤히 바라보고 있다. 공을 집어 마당 저

엘파소 알베르게의 친구

멀리 던지니 쏜살같이 달려가서 물고 와서는 내 앞에 다시 내려놓는다. 똑똑하고 붙임성이 좋은 녀석이다. 그래, 오늘은 너랑 이렇게 놀자. 어차피 나도 심심하던 참이었거든….

더 놀아달라는 강아지를 뒤로하고 동네를 한 바퀴 돌아본다. 볼수록 예쁘고 평화로운 마을이다. 알베르게 오는 길목에 작은 성당이 있어서 들어가 보니 아담한 성당 내부가 마치 우리나라 시골 교회 같다. 아무도 없는 빈 성당에서 혼자 앉아 기도를 드린다. 부활절 예배를 마치고 출발한 산티아고 순례길. 하루 모자라는 40일의 여정에서 하나님은 내게 어떤 음성을 들려주실까. 이제 열흘 남짓 남은 이 길에서 처음 막연히 기대했던 실제적인 음성을 듣는 일은 없을 듯하다. 그건 신비주의에서나 가능할지 모르겠다. 그렇지만 언젠가는 내가 깨닫게 되는 순간이 오지 않겠는가, 하나님이 그때 이미 내게 말씀하고 계셨다는 것을. 성당입구에 방명록이 펼쳐져 있어서 염원을 담아 몇 글자 남기고 성당을 나섰다.

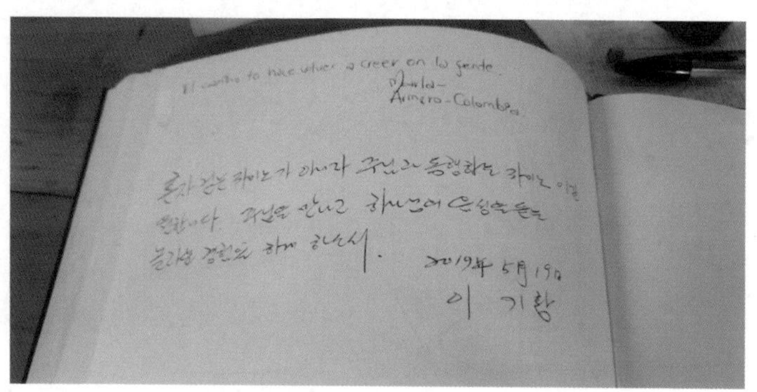

주님과 동행하는 까미노 되게 하소서

엘파소 알베르게에서의 조촐한 저녁식사

저녁은 오늘 알베르게에서 처음 본 한국 청년 둘과 함께 슈퍼에서 데워서 먹을 만한 것들을 사다 먹었다. 이제 막 군대 제대한 친구들이다. 그 나이에 산티아고 순례길을 걷고 있는 게 기특해서 어떻게 오게 되었냐 물으니 스페인 하숙 보고 재미있을 거 같아서 왔다고 한다. 영어는 잘 못 하지만 그래도 벌써 외국 친구도 몇 명 사귀었다며 해맑게 웃는다.

식사 도중에 이탈리아 부녀가 옆 좌석에 앉았는데 영어가 되는 딸과 자연스레 몇 마디 대화를 나누었다. 30대 딸과 60대 아빠가 함께 걷는 길은 어떠할까. 어려서부터 아빠와 함께 자주 걸었다고 한다. 아빠가 귀가 잘 안 들려서 본인이 늘 옆에서 챙겨주고 있단다. 사람 사는 곳은 어디나 비슷한 것 같다. 개인주의가 발달한 서양이지만 이렇듯 심청이 같은 마음씨를 가진 이탈리아 아가씨도 있는 걸 보면.

아름다운 마을 베가 데 발카르세에서의 밤이 잔잔하게 깊어가고 있다.

16

배 터진 날

베가 데 발카르세-라스 에레리아스-라 파바-오 세브레이로-폰프리아 23.4km

모처럼 편안하게 잘 자고 일어났다. 오늘은 종일 등산길이어서 어제 미리 사다 놓은 바게트 빵에 초리소 한 팩을 다 넣고 반만 먹고 반은 도시락으로 챙긴다. 그동안 놀라울 만큼 내 몸이 길에 적응이 되었지만 그래도 아직 첫날 나폴레옹길의 트라우마가 남아 있을지도 모른다. 나폴레옹길에 비할 바는 못 되지만 그래도 오늘 700미터 가까이 올라가야 한다.

높은 지대여서 마을 아래 산등성이로 비치는 아침 햇살이 베가 데 발카르세 마을을 조명처럼 비춘다. 산골 마을의 아침은 말 그대로 눈부시게 아름답다.

지대가 높아감에 따라 나무들의 형태가 마치 반지의 제왕에 나오는 나무들처럼 괴기스럽다.

오전 9시 30분, 베가 데 발카르세 마을에서 두 시간을 걸어서 어제 도착

발카르세 계곡의 괴기스러운 나무들

하려고 했던 라파바 마을에 도착했다. 마을이라고 하는데 집도 몇 채 보이지 않는다. 라파바에서부터는 나폴레옹길을 걸을 때와 비슷한 풍광이 펼쳐진다. 멀리 보이는 산들이 발아래 있고 지나온 길이 산등성이를 따라 꼬불꼬불 이어져 있다. 높은 곳에 올라올 때면 으레 습관처럼 지나온 길을 한번 바라다본다. 내가 지나온 길이 아득하게 보이면 내가 저 길을 어떻게 걸어왔나 싶다.

레온 지방의 마지막 작은 마을 라구나 데 카스티야를 지나고부터는 갈리시아 지방이다. 갈리시아 지역을 나타내는 맨 처음 표지석을 지나고 길옆에서 휴식을 취하고 있는데 얼굴이 시커먼 사내가 옆으로 와서 인사를 한다. 비야프랑카 데 몬테에서 저녁을 합석해서 같이 먹었던 박 감독이다.

오 세브레이로 성당

밥 먹는 내내 대화를 이어가느라 힘들었던 바로 그 친구다. 한동안 잊고 있었는데 산꼭대기에서 이렇게 또 보니 반갑다. 역시나 말수 적은 박 감독과 나는 그동안 어떻게 지냈는지 걷는 동안 이런저런 에피소드는 없었는지… 한마디도 없이 그냥 앞서거니 뒤서거니 하며 걷는다. 그런데 이상하게 편안하다. 그냥 누군가가 저만치서 같이 걷고 있다는 사실만으로도 좋은 거 같다. 참 희한한 경험이다. 누군가와 말없이 걸으면서 불편하지 않다는 사실. 그건 그 사람에 대해 뭔가를 기대하지 않고 그 사람 자체로 인정하기 때문일 것이다.

오 세브레이로 마을에 도착해서 보니 넓은 차도와 로터리까지 있다. 뭔가 홀린 느낌이다. 3시간을 꼬박 오르막길을 올라왔더니 마치 하늘 도시처럼 사람과 차들이 붐비고 있다. 알고 보니 여기서부터 산티아고 데 콤포스

말을 탄 순례자들

텔라까지 150km 거리를 걷는 사람들이 인근 페드라피타 도세브레이로 마을까지 버스로 와서는 오 세브레이로까지 이동하는 차량들이었다.

오 세브레이로 성당은 로마 시대 이전에 지어진 것으로 산티아고길에 있는 성당 중에서 가장 오래된 성당이라 한다. 성당 한편에 오늘날 까미노 부활에 지대한 공헌을 한 돈 엘리아스 발리냐 신부의 흉상이 보관되어 있다고 하는데, 그는 처음 노란 화살표를 까미노의 방향 표시로 사용하여 대중화시켰다고 한다.

언덕을 지나 얼마간 걸어 오스피탈이라는 작은 마을을 지나고 있는데 말을 타고 순례를 하는 팀들이 지나간다. 말안장에 조가비를 달고 가는 걸 보니 산티아고 콤포스텔라까지 가는 게 분명하다. 음, 이건 좀 반칙 아닌가….

이 마을을 지나면서부터 시작된 깔딱고개는 남은 에너지를 상당히 소진시킨다. 깔딱고개를 정말 숨이 깔딱할 만큼 있는 힘을 다해 올라오니 이건 뭐야, 정상은 그냥 국도다. 마치 대관령휴게소를 기를 쓰고 올라온 꼴이다. 가파르게 올라온 길 바로 옆에는 '어서 와, 힘들었지? 밥 먹고 가'라고 하듯 알베르게 겸 레스토랑 '델 푸에르토'가 떡하니 자리 잡고 있다. 위치 한번 기가 막히다. 박 감독과 함께 바깥 테이블에 자리 잡고 앉았다. 오후 1시 20분, 맥주가 필요한 시간이다. 그런데 사람들이 먹고 있는 수프를 보니 대박, 우리나라 감자탕을 먹고 있다. 푹 삶은 돼지고기에 감자 그리고 우거지처럼 보이는 야채까지. 저걸 먹어줘야 한다. 내 몸이 간절히 원하고 있다. 서빙 하는 아가씨에게 안 되는 스페인어로 "수빠 뽀르빠보르" 하니까 이 아가씨 뭐라고 설명하는데, 아하, 수프는 순례자 세트 시키면 나온다는 거였다. 지금 시간에 순례자 정식은 좀 과하다는 생각이 들었지만 박 감독과 함께 그냥 시켰다. 오늘 묵는 알베르게도 저녁에 순례자 정식을 투숙객들과 함께 먹는 곳이다. 아무튼, 저녁은 저녁인 것이고….

빵과 와인이 나오고, 그러고는 감자탕이 나왔다. 그런데 국물이 미지근하다. 뜨끈한 국물을 후루룩 들이켜야 몸이 확 풀리는데… 다시 아가씨에게 부탁을 한다. 일단 '뽀르빠보르'로 시작하는데, 그다음, 그래 '수빠' 하고 '핫' 하면서 손을

감자탕을 닮은 칼도가예고

위로 올리는 시늉을 했다. 그랬더니 이 아가씨 바로 알아듣고 "끌리엔떼 calient?" 한다. 그래 맞아, 끌이면 돼!

이 감자탕은 갈리시아 수프로 알려진 '칼도가예고'라고 했다. 뜨겁게 다시 나온 칼도가예고를 큼직한 스푼으로 후후 불어가며 입에 떠 넣으니 이제야 살 거 같다.

메인은 돼지갈비 수육 같은 거였는데, 야채와 감자를 넣고 양념한 돼지갈비를 푹 삶아내었다. 순례자에게는 더없이 좋은 원기회복 음식이다.

그나저나 점심을 너무 과하게 먹기도 했지만 박 감독과 주거니 받거니 와인을 두 잔 마셨더니 걷기가 싫어진다. 아직 폰프리아까지는 오르막길 3km를 남겨놓고 있다.

폰프리아 레볼레이라 알베르게에 도착하니 벌써 3시가 가까웠다. 독특

레볼레이라 알베르게 레스토랑

시래깃국을 닮은 야채수프

레볼레이라 레스토랑 순례자 정식 메인 요리

한 소똥 냄새가 진동하는 마을이다. 알베르게도 이곳밖에 없다. 넓은 공간에 이층 침대를 배치해서 대략 육칠십 명 되는 인원이 한 공간에서 잔다. 귀마개가 필요할 듯하다.

그럼에도 이 알베르게는 저녁에 대한 평가가 좋아서 다들 9유로를 내고 저녁을 먹는 분위기다. 점심 먹은 배가 아직 안 꺼졌지만 선택의 여지가 없다. 7시가 되어 모두들 몽골 텐트처럼 생긴 식당으로 이동했다. 마침 한국 아가씨도 한 사람 있어서 박 감독과 함께 자리를 잡았다. 메뉴 구성은 낮에 먹었던 것과 같았는데 조리방식이 약간 다르다. 이곳의 수프는 낮에 델 푸에르토 레스토랑에서 먹었던 거에 비해 야채가 많이 들어가고 감자는 잘게 썰어 넣었다. 그리고 메주콩 같은 콩을 넣고 푹 삶아서 비주얼이 시래기 된장국 같다. 재료가 닮으면 맛도 닮는 게 요리인가 보다. 낮에는 감자탕 밤에는 시래기 된장국이다.

배가 고프지 않았음에도 함께 맛있는 저녁을 먹다 보니 배가 터지기 직전에 이르렀다. 식사가 거의 끝나갈 무렵 갑자기 스테레오 사운드로 신나는 음악이 나오며 활달한 주인아주머니의 멘트가 이어지자 순식간에 식당은 클럽 분위기로 바뀐다. 60대의 유럽 여성들이 일어나 멋지게 몸을 흔들

레볼레이라 알베르게의 흥겨운 저녁 시간

며 춤을 춘다. 누가 저들을 할머니라 하겠는가.

배 터지고 웃음 터지는 흥겨운 밤을 폰프리아 레볼레이라 알베르게에서 경험한다. 큰 덩치를 섹시하게 흔들며 분위기를 업 시켜주던 주인아주머니의 환대가 기억에 남는 곳이다.

배 속에서는 급기야 난리가 나서 밤새 화장실을 들락거렸다. 밤이 되어 기온이 떨어진 데다 공간이 넓어 외풍이 있는 탓에 유난히 기침 소리가 많이 들리는 밤이었다.

17 ___

조가비 가든

폰프리아-트리아카스텔라-사리아 29km

새벽에 잠을 설친 탓에 아침 출발이 늦었다. 오늘은 유심을 구입하기 위해서 사리아까지 가야 한다. 사리아까지 29km, 오랜만에 좀 많이 걸어야 한다.

아침 8시, 고도 1,350미터에서 맞는 이른 아침은 찬란하다. 낮게 드리워진 구름이 태양과 바람에 의해 시시각각 변화무쌍하게 움직이고 그 자리에 파란 하늘이 점점 영역을 키워간다.

이제 이 높은 고도에서 보는 스페인의 넓은 땅과 하늘을 더 이상 볼 수 없다고 생각하니 아쉬움에 자꾸 폰으로 담게 된다.

열심히 혼자 걷다 보니 어느새 800년 된 너도밤나무가 있는 트리아카스텔라 마을 입구에 들어선다. 화석 같은 나무의 몸통에서 여전히 푸른 잎사귀들이 피어 있다. 이 정도면 영물이라고 해도 틀리지 않을 것 같다.

트리아카스텔라 마을을 지나 다시 숲길을 거쳐 오르막길과 내리막길이 반복된다. 그렇게 한참을 걸어가다 보니 사람들이 많이 보이는 집을 지나게 된다. '테라 데 루즈'라는 이름의 이 집은 가정집을 순례자들의 쉼터와 바bar로 꾸며놓았다. 집 안마당에는 테이블과 의자를 두어 사람들을 쉬게 하고 있다. 그리고 이곳저곳의 돌판 위, 나무판자 등에 여러 가지 글귀들을 적어놓았다. 거의 새로운 장르의 문학 수준이다. 특히 눈에 띈 것은 조가비들이 많이 매달려 있기도 하고 땅바닥에 떨어져 있기도 하다.

'조개구이집도 아니고, 무슨 일이지?' 궁금증이 일어 가까이 가서 보니 조가비 하나하나에 글이 적혀 있다. 그리고 그 옆 판자에 'The Shell Project, Find Your True shell 당신의 진정한 조가비 찾기'라는 제목으로 글이 쓰여 있다.

조가비 가든

'이제껏 달고 왔던 조가비를 앞으로는 당신에게 더 이상 도움이 되지 않는 것들과 함께 여기 조가비 가든에 버려주세요(더 이상 당신의 삶에서 원하지 않거나 필요치 않은 것들을 조개껍데기에 쓰세요). 그리고 이제는 당신의 인생 2막과 함께하고 싶고 당신만의 세계로 가져오고 싶은 것들을 추구하기 위한 의도와 목적을 가지고 산티아고까지 걸으세요.

그리고 산티아고에 도착하면 진정한 당신의 새로운 조가비를 가져보세요.'

글을 읽은 후 코끝이 찡해지며 눈물이 났다. 그러고는 시키는 대로 배낭에 달려 있는 내 조가비를 떼어 그 안에 이렇게 썼다.

'까미노를 걸으며 그동안 내 안에 있던 부질없는 많은 생각과 두려움들을 이 조가비에 담아 버린다. 한때 나를 키웠던 생각들이여, 안녕~.'

이제까지의 조가비는 이곳에 매달고

사람들이 시골 농가 같은 이곳에 왜 이렇게 많았는지 이유를 알 것 같았다.

덥수룩한 수염을 기르고 열심히 사람들의 시중을 들고 있는 주인장과 그의 딸을 보며 진정한 순례자의 모습을 보는 듯했다. 집을 나서며 진심을 담아 주인장에게 감사의 인사를 전했다. 이름도 모르는 스페인 시골 농가의 어느 촌부는 또 한 사람의 나의 스승이다.

유난히 심한 이 지역의 소똥 냄새마저도 향기롭게 느껴진다. 바 '테라 데 루즈'에서 음식과 함께 신선한 영적 에너지를 채웠기 때문일까, 발걸음이 한결 가볍다.

18

그림처럼 예쁜 포르토마린

사리아-포르토마린 22.4km

어제 오후부터 목이 간질거리고 잔기침이 나는 게 엊그제 폰프리아에서 감기가 옮은 듯하다.

레온에서는 베드버그에 물리고 아스토르가 알베르게에서는 밤에 갑자기 저혈압 증세가 찾아와서 알베르게 관리자가 심장마비인 줄 착각하고 응급차를 부르는 법석을 떨더니 급기야 감기까지 오는가? 알베르게에서 감기환자는 경계의 대상인데 걱정이다.

사리아 시내를 지나 까미노길은 알베르게가 다닥다닥 붙어 있는 골목을 통과한다. 골목 끝에는 산타마리아 성당이 위치해 있다. 사리아에서 짧은 순례길을 걷는 사람들이 많다 보니 까미노 길목에 있는 이곳이 알베르게 촌으로 자리 잡은 듯하다.

길은 언덕으로 이어지더니 막달레나 수도원을 마지막으로 사리아 시내를

사리아에서 포르토마린 가는 길

벗어나 숲길이 시작된다. 도심 인근에 있는 숲인데도 나무의 수령이 다들 수백 년씩은 된 듯 약간 비현실적인 느낌이 든다. 아침 숲의 공기가 싱그럽다.

안개가 걷히며 드넓게 펼쳐진 푸른 목초지가 드러난다. 그사이 파란 하늘은 푸르름을 더해가고 더운 햇살에 풀숲에서 목을 축이던 도마뱀이 순례자들의 발걸음 소리에 놀라 길가 돌 틈으로 냅다 숨는다. 사리아에서 포르토마린으로 가는 이 길이 참 좋다. 마치 제주의 어느 마을 돌담길을 걷는 것 같은 착각이 든다.

100km 표지석

산티아고 표지석은 어느새 미터 단위까지 표시하고 있고 몇 발짝 지나면 새로운 표지석이 나타난다. 100km 표지석을 몇 미터 앞둔 지

미뉴강 너머 언덕 위의 포르토마린 전경

점에서 익숙한 뒷모습이 보인다. 대호 형님이다. 로스 아르코스에서 헤어진 후 중간에 한 번도 마주치질 못했는데 그래도 끝날 무렵이 되어 다시 볼 수 있게 되니 반가웠다. 좌우로 흔들거리는 걸음걸이는 여전하시네…. 그렇게 둘이 100km 표지석 앞에서 해후했다.

포르토마린은 미뉴강 하류에 벨레사르댐이 건설되면서 대부분의 마을은 수몰되고 현재의 위치로 주요 건물들을 옮겨서 새로 만들어진 마을이라고 한다.

까미노길에서는 다리를 건너가게 되는데 다리를 건너기 전 미뉴강 너머로 보이는 언덕 위의 마을 모습이 그림처럼 예쁘다.

다리를 건너자 오래된 돌계단으로 올라가도록 까미노 표시가 되어 있

포르토마린 거리의 레스토랑

다. 수몰 전 이 계단이 원래의 다리와 연결되었던 거라 한다. 과거 순례자들이 다녔던 길의 일부를 유지하여 후대 순례자들이 이용할 수 있도록 일종의 배려를 한 것이다.

어제 앱을 통해 미리 예약해두었던 카소나 다폰테Casona da Ponte 알베르게는 마을 입구 강변이 바라보이는 전망 좋은 곳에 위치해 있다. 아직 남아 있는 침대가 있어 대호 형님과 같이 오늘은 이곳에서 머무르기로 한다(10유로).

저녁은 모처럼 한국 사람들과 함께 전망 좋은 카페에서 함께 했다. 오늘 처음 보는 젊은 친구들도 있었는데 대호 형님과 정애 씨가 그동안 이들과 같이 걸었던지 친해 보인다. 이모라고 부르며 따르는 청년들 틈에서 웃음이 끊이지 않는 이 아줌마가 오늘 참 행복해 보인다.

와인을 한잔했더니 기침이 심해진다. 순례길에는 고기를 늘 먹게 되는데 와인 없이는 먹어지질 않으니 와인을 안 마실 수도 없고…, 대호 형님이 한국에서 지어 온 약이 남았다며 두 번 먹을 양을 챙겨 준다. 보기보다 마음이 따뜻한 양반이다.

저녁식사가 끝나고 일행들은 맥주 마시러 자리를 옮기는데 나는 기침 때문에 먼저 들어가서 쉬기로 하고 일행들과 헤어졌다. 숙소로 돌아오는 길에 니브강의 다리 위로 드리워진 석양이 너무 아름다워 한없이 바라보았다. 아! 이 마을, 저 풍경을 사랑하지 않을 수 없다. 포르토마린, 언젠가는 꼭 다시 오리라. 그리고 실컷 이곳을 누리리라.

여러 명이 한 공간에서 잠을 자는 도미토리에서 기침은 정말 곤욕스럽다. 약을 먹고 뜨거운 물을 연신 마시며, 기침을 참느라 입에 손수건을 물고 식은땀이 날 정도로 용을 쓰다 어찌어찌 잠이 들었다.

19

오우테이로 알베르게

포르토마린-곤사르-레스테도-팔라스 델 레이 25km

아침에 깨어보니 벌써 8시가 넘었다. 순례길 막바지에 감기가 제대로 걸렸다. 침대에 누운 채 일어나기가 싫다. 그냥 이대로 하루 더 쉴까 하는 생각이 들었지만 그랬다간 몸 상태가 더 안 좋아질 것 같아 박차고 일어났다. 그래 걷자, 걷다가 보면 어떻게 되겠지. 식당으로 내려가 뜨끈한 뽀요 컵라면 국물로 목을 좀 달래고 대호 형님이 준 약까지 챙겨 먹고 길을 나선다.

오늘 아침 하늘은 잔뜩 구름이 끼었다. 구름 낀 포르토마린의 아침 전경도 참 아름답다. 오늘은 팔라스 델 레이까지 25km를 걷는다.

걷기 시작하니 털고 일어나 나오기를 잘했다는 생각이 든다. 짧은 다리를 건너자 길은 곧바로 호젓한 오솔길로 이어진다. 신선한 아침 숲의 상쾌함은 언제나 기분을 좋게 한다. 산티아고 순례길에서 이른 아침에 숲길을

팔라스 델 레이 가는 길의 공원

걷는 구간이 더러 있었는데 둘째 날 에스피날의 이라티 숲길이 가장 기억에 남는다. 그때는 숲길을 혼자 걸으며 새소리만 들렸었는데 오늘 숲길에는 사람들이 많이 걸어가며 도란도란 얘기 소리들이 들린다. 수백 년은 되었음 직한 괴기스러운 모습의 너도밤나무들과 유칼립투스나무들이 오솔길 양쪽으로 편을 갈라 군락을 이루고 있다. 조금 더 가다 보니 숲속 공원이 나오고 돌로 만들어진 야외테이블에서 순례자들이 간식을 먹으며 쉬고 있다. 포르토마린에서 다음 마을인 곤사르까지는 9km를 걸어야 하는데 중간에 바가 없기 때문에 이런 공원에서 준비해 온 음식을 먹으며 에너지를 보충해야 한다. 길은 다시 완만한 오르막이 시작되고 흐리던 날씨는 기어이 비를 뿌리기 시작한다. 언덕과 비와 바람, 보통 이 세 가지는 세트로 온다. 오늘은 그렇게 바람이 심하지 않지만 간간이 얼굴을 스치는 빗방울이 차갑다.

이름 모를 작은 마을들을 차례로 지나고 목적지인 팔라스 델 레이 오우테이로 알베르게에 도착했을 때는 오후 3시가 가까워지고 있었다. 오는 길에 잠시 바에서 간식을 먹으며 미리 예약을 해두었었다. 알베르게 주인 마뉴엘은 다부진 체격에 짧게 깎은 머리가 성실한 인상을 주는 중년 아저씨이다. 입실 등록을 마치고 그에게 까미노의 알베르게 운영에 관해 몇 가지 묻고 싶다고 하니 이따가 6시에 로비로 내려오라고 한다. 사실 순례길이 끝나가면서 알베르게 운영주와 이야기를 나눠볼 기회를 기다리던 참이었다.

오우테이로 알베르게에는 유난히 우리나라 청년들이 많이 투숙하고 있다. 침대방으로 들어오니 전부 한국 친구들이다. 광호 일행들이 한쪽을 차

오우테이로 알베르게

지하고 있고 내 침대 옆으로 박 감독이 침대 위에서 노트북을 보다 내가 오는 걸 보더니 배시시 웃는다. 박 감독하고는 따로 약속 한 번 없이 수차례를 길에서 만나고 숙소에서 만나기를 반복하더니 급기야 바로 옆에서 잠까지 같이 자는구나. 이 정도면 보통 인연은 아닌 듯싶은데 잠시 반색을 한 뒤에는 서로 소 닭 보듯 한다. 광호는 에스피날에서 같이 다니던 친구들이 대부분 바뀌었다. 멤버가 바뀌었음에도 여전히 청년들이 잘 따르는 눈치다.

마뉴엘과 얘기 나누면서 놀랐던 건 침대 50개의 알베르게를 직원 한 명 두고 운영한다는 사실이었다. 10유로의 숙박비를 유지하기 위해서는 어쩔 수 없고, 그나마도 자기 건물이기에 유지가 가능하다고 했다. 최근 우리나라 젊은 층이 늘어나면서 투숙객의 80%가 우리나라 사람들이라고 했다. 그리고 이들 대부분은 B사이트를 통한 예약이라고 한다. 그에 따른 수수료 부담이 커서 고민이지만 달리 마땅한 대안이 없어 B사이트에 의존하고 있다는 얘기였다.

마뉴엘과는 이런저런 직업적인 얘기를 나누다 고맙다는 인사를 하고 헤어졌다.

저녁은 한국 친구들과 마트에서 사 온 냉동식품으로 적당히 때웠다. 광호하고도 비야바 마을 이후 처음 같은 알베르게에 묵게 되어 이런저런 얘기를 나누었다. 요즘 학교 문제로 고민이 많은 듯했다. 장기적으로 학생들을 유치하기 위해서는 교육부 인가학교로 등록이 되어야 하는데 선생님 구하기가 점점 어려워 갈수록 힘에 부친다고 한다. 의로운 일에 동참하는 젊은이들이 많았으면 좋겠다.

20

순례길의 마지막 길동무

팔라스 델 레이-카사노바 마토-멜리데-아르수아 30km

오늘은 모처럼 30km를 걷는다. 산티아고 데 콤포스텔라가 가까워지면서 작은 마을은 숙박 예약이 안 되는 경우가 있어 가급적 큰 마을 위주로 예약을 하게 된다. 아침 7시에 한국 청년들과 함께 출발하다 보니 순례길 초기 비아바에서 함께 출발하던 때가 생각난다. 벌써 마치 오래된 일들처럼 아득하게 느껴진다. 기억이란 참 묘하다. 얼마 지나지 않은 일은 오래된 것 같고 또 정작 오래된 일은 얼마 되지 않은 것처럼 느껴지는 건 왜일까.

알베르게에서 도심으로 향하는 길의 로터리에 순례자상과 갈리시아 지방의 휘장을 만들어놓았다. 별것 아니지만 꼭 이런 데서는 사진을 찍게 된다.

마을 중심 지역을 벗어나자 어제처럼 푸른 초지가 다시 나온다. 하늘은 온통 구름으로 덮여 있고 점점 구름은 아침노을로 붉게 물들어간다. 찬란

갈리시아 지역의 곡물창고 오레오

한 태양이 솟아오른 아침은 아니지만 푸른 목초지와 아침노을이 묘한 조화를 이룬다.

어제와 마찬가지로 오늘 걷는 동안에도 많은 마을들을 지난다. 순례길 중반까지는 마을마다의 특징과 느낌이 조금씩 달라서 사진도 많이 찍었는데 후반에 들어서는 집중도가 많이 떨어진다. 그래도 오늘 지나는 첫 마을 이름은 머릿속에 쏙 들어온다. 바로 카사노바 마을이다. 마을 어귀에 갈리시아 지방 특유의 곡물창고인 오레오가 보인다. 카스티야 레온 지역에서 호빗처럼 땅을 파고 와인과 곡물을 보관하던 것과는 반대로 이들은 공중부양을 시켜놓았다. 땅속보다는 공중이 아무래도 들쥐들로부터 안전한 때문일 것이다.

아무튼 아쉽게도 카사노바 마을에 카사노바는 없다.

멜리데 도심 풍경

다시 기괴한 모습의 너도밤나무 숲길을 지나 마을 하나를 지나고 큰 도로를 따라 걷다 또다시 숲길을 걷기를 반복한다. 그러다 작은 개울 위로 로마의 다리가 나온다. 마치 순례길 초기의 수비리 마을과 흡사하다. 여기서부터 폴포(문어) 요리로 유명한 멜리데 마을이다. 멜리데는 스페인 북쪽 끝의 오베이도에서 시작하는 까미노 북쪽 길과 만나는 지역이라 한다. 그래서 그런지 도심에 순례자들이 많이 눈에 띈다.(*산티아고 순례길은 프랑스 생장에서 시작하는 프랑스길, 스페인 오베이도에서 시작하는 북쪽길 그리고 포르투칼에서 시작하는 포르토 길이 있다.)

청년들과는 오는 도중에 흩어져서 막상 멜리데 시내로 진입하자 보이질 않는다.

길은 다시 숲길로 이어지고 길을 걷는 순례자들은 마치 주말 산행 길을 가는 것처럼 많아졌다. 그러고 보니 어제 오늘 길을 걸으며 '올라' 인사를 들어본 기억이 없다. 확실히 순례길을 걷는 맛은 떨어지는 것 같다. 그러다 혼자 걷고 있는 여성과 앞서거니 뒤서거니 하며 비슷한 보폭으로 걷고 있다. 서양 여성치고 키가 작은 편이다. 그리고 이 따사로운 햇볕 아래 뭐가 추운지 패딩을 입고 걷고 있다. 나 같으면 땀띠라도 날 지경일 텐데, 신기하다.

어쨌든 호기심은 관심을 유발하고 관심은 용기를 만들어낸다. '올라' 하고 슬쩍 말을 건네니 이 여성 한참 땅만 보고 열심히 걷다 말고 짐짓 놀란 듯 "올라!" 하고 겸연쩍게 웃는다. 웃는 모습이 예쁘다. 이탈리아 여성 실비아라고 했다. 덥지 않느냐고 물으니 겉옷이 패딩밖에 없어서 그냥 입고 가는 거란다. 헐, 이거 내가 생각 없이 쓸데없는 걸 물어본 거 같기도 하다. 뭐, 이탈리아를 가본 적이 없으니 대화를 어떻게 이어가야 할지를 모르겠다. 에이, 그냥 '올라, 부엔 까미노 하고 가버릴까' 머릿속으로 살짝 도망갈 궁리를 하는데 한국에서 왔냐고 물어온다.

기다렸다는 듯이 말문이 터진다. 한국이 어떻고, 순례자들이 많고, 이탈리아 남자들하고 기질이 비슷하고… 조잘조잘…

걷다 보니 바가 나타난다. 티 두 잔을 시키는데 실비아는 내가 감기에 걸린 걸 알고 바 여주인에게 스페인어로 뭔가를 주문하니 주인이 꿀을 가져다 티에 듬뿍 넣어준다. 자리에 앉아 각자 배낭에서 먹을

마지막 길동무 실비아

아르수아 가는 길의 유칼립투스 숲길

것을 꺼내 차와 함께 먹는데 실비아가 캡슐을 하나 주며 먹으라고 한다. 그러면서 자기는 의사니까 안심하고 먹어도 된다고 한다. 아! 이거, 초면에 이렇게 감동 줘도 되는 거니….

실비아는 마드리드에서 의사로 일하다 스페인 생활을 정리하고 이탈리아로 돌아간다고 한다. 이번 순례길은 스페인에서 10년 동안의 삶에 대한 선물이라고 한다. 이탈리아로 돌아가서 가장 먼저 할 일은 그동안 이탈리아와 스페인을 오가며 항공료 대느라 가난한 남자 친구와 결혼하는 거라고 한다. 감동적인 한 편의 러브스토리를 듣는 듯 마음이 찡해진다.

아르수아를 4km 정도 남겨두고 쭉쭉 뻗은 유칼립투스들이 장관을 이룬 울창한 숲길을 지난다. 시원하게 허물을 벗어버리고 하얀 속살을 드러내는 유칼립투스들처럼 내 안의 구질구질한 것들도 쫙 벗겨져 나가고 뽀얀 새 마음이 돋았음 좋겠다.

유칼립투스 숲을 지나자 푸른 밀밭과 야트막한 언덕 위에 목초지가 펼쳐지고 멋진 집들이 모여 있는 작은 마을이 보인다. 그야말로 '저 푸른 초원 위의 그림 같은 집'이다.

오후 2시 30분 드디어 아르수아 도심으로 진입한다. 실비아에게 어디에서 묵는지 물어보니 아르수아 호스텔에 예약을 했다 한다. 뮤니시플 알베르게에서 한번 잠을 설친 후로는 작은 호스텔 펜션을 선호하게 되었다 한다. 호스텔은 시내 대로변에서 골목 안으로 들어와서 주택가 쪽에 있었다. 아담한 이층집을 호스텔로 개조해서 운영하고 있었다. 마침 호스텔에 침대가 남아 있어서 나도 이곳에서 묵기로 하고 10유로를 지불하고 입실 등

아르수아 호스텔

록을 했다. 우리가 배정받은 방은 2인용 2층 침대 3개와 1인 침대 두 개가 놓여 있는 8인실이었다. 침대 배정은 별도로 하지 않고 먼저 도착한 사람이 자기가 사용할 침대를 선점하면 된다. 실비아가 2층 침대를 선택하고 나는 중앙 복도의 1인 침대에 배낭을 풀었다. 호스텔 내부 인테리어가 마치 부티크 호텔처럼 고급스럽다.

호스텔 안마당에는 작은 정원이 예쁘게 꾸며져 있다. 가정집처럼 마당에 놓인 빨래건조대에서 빨래를 널은 후, 나도 정원 벤치에 앉아 오후의 따사로운 햇살을 쪼였다.

저녁은 인근 레스토랑에서 실비아와 함께 가서 먹었는데 이곳 역시 갈리시안 수프로 시래깃국이 나온다. 실비아는 빵과 수프만 먹고 성당 예배 시간에 맞춰 먼저 일어나고 나는 두 번째 코스로 나온 돼지 목살 스테이크를 반만 먹다 말고 나왔다. 감기로 식욕도 없기도 했지만 둘이 있다 혼자 남아 고기를 썰고 있는 내가 갑자기 머쓱해진 탓이다.

21

나는 내일 산티아고 광장에서 어떤 표정을 짓게 될까?

아르수아-베베데리아-오 페드루소 20km

아침 7시에 일어나 세수를 하려고 보니 화장실이 만실이다. 가정식 욕실에 샤워장과 화장실이 같이 있고 그나마 남녀 구분 없이 총 3개밖에 없다 보니 대기시간이 길어졌다. 실비아는 일찌감치 세수를 끝낸 듯 배낭을 챙기고 있다. 어제 성당 미사 다녀와서도 가볍게 인사만 하고 각자 침대에서 할 일 하다 잠들었던 탓에 몇 시에 출발할 건지 서로 물어보지도 못했다.

다가가서 지금 출발하려는 거냐니까 그렇다고 한다.

잠시 망설여진다. 함께 출발하게 조금만 기다려달라고 할까?

그러다 실비아가 황당한 표정을 짓기라도 하면… 애매하다.

잠시 어색함을 메꾸기 위해 내가 웃으며 “그럼 내가 좀 있다 열심히 걸어서 너 따라잡을게” 하고 말았다. 실비아는 특유의 환한 미소를 지으며

아르수아 마을의 벽화花

페이스북 주소를 알려주었다. 확인차 내가 페이스북 메신저로 'Nice to meet you'라고 보내니 실비아도 'Me too'로 응답을 준다.

1층에서 막 씻고 올라오는 사람이 있어서 잽싸게 1층 화장실로 가서 씻고 올라오니 실비아는 출발하고 없다.

산티아고 입성을 하루 앞두고 대부분 오늘은 오 페드루소O Pedruzo까지 20km를 걷는다. 일부 순례자들은 10km를 더 걸어서 라바코야Lavacolla까지 걷기도 한다. 산티아고에는 가급적 일찍 도착하는 게 혼잡을 피하기

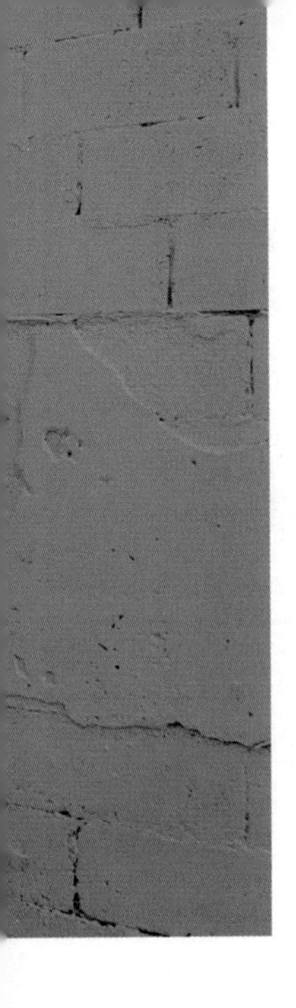

도 좋고, 또 산티아고 대성당에서 매일 12시에 드리는 순례자를 위한 향로미사Botafumeiro를 드릴 수도 있기 때문이다.

8시 30분에 호스텔을 나선다. 오늘은 날씨가 쾌청하다. 한 걸음 한 걸음이 아쉬워지는 시점이라 좋은 날씨가 더없이 감사하다. 마을을 지나는데 골목 벽면에 여러 가지 색상의 반쪽 화분을 붙여서 색색의 꽃을 심었다. 말 그대로 벽화花다. 이것도 어느 누군가의 작품일 테지. 멀쩡한 둥근 화분을 반으로 쪼개는 발상의 전환이 재미있다.

아르수아를 벗어나자 상쾌한 숲길이 나타난다. 오늘이 토요일이어서 그런지 마치 우리나라의 휴일 등산길처럼 사람들로 붐빈다. 저 많은 사람들이 모두 산티아고로 가고 있는 걸 보니 내일 산티아고 도착하면 엄청날 거 같다.

산티아고가 가까워져 오면서 길옆에 세요를 찍어갈 수 있는 곳이 많아졌다. 작은 마을 하나에서만 대여섯 개의 세요를 찍어갈 수 있을 것 같다. 사리아에서부터 100km를 걷는 사람들을 위한 배려일까? 그뿐만 아니라 마을 차원에서의 적극적인 숙박 유치활동도 눈에 띄는데, 아르수아 다음 마을인 베베데리아 마을을 지날 때 한국어로 적힌 마을 성당의 미사안내를 쪽지를 전해준다. 쪽지에는 이 교회에서 우리들(한국인 순례자들)을 기다린다고 적혀 있다.

베베데리아 마을의 비어트리

베베데리아 마을은 그 밖에도 레스토랑 위치와 메뉴가 그려진 '메뉴판 승용차', 깨달음을 주는 짧은 글귀들을 붙여놓은 '지혜의 벽', 포플러나무 그루터기에 온통 대못을 박아 빈 맥주병들을 꽂아둔 '비어트리'(이건 나무가 너무 아프겠다) 그리고 어느 집 담벼락에 놓인 '등산화 화분' 등이 눈에 들어온다. 베베데리아, 재미있는 마을이다.

시간은 어느덧 정오를 지나며 오 페드루소를 4km 정도 남겨둔 지점에서 어제 인상 깊었던 유칼립투스 숲이 또 나온다. 한낮의 태양에 슬슬 지쳐갈 즈음에 시원한 숲의 공기가 기분을 새롭게 한다.

중간에 한 번도 쉬지 않고 부지런히 걸었다. 오늘 길은 여유롭게 즐기면서 걸어도 좋았을 것을 공연히 바쁘게 걸었다. 혹시나 실비아가 천천히 걷고 있지나 않을까 하는 객쩍은 기대가 은연중에 있었나 보다. 페북 메신저

순례자 신발 위에 핀 꽃

를 보내볼까도 생각했지만 그냥 말았다. 그냥 오늘은 이대로 즐기는 걸로, 그냥 자유로운 걸로….

오늘 투숙한 알베르게는 포르타 데 산티아고 알베르게이다. 도로를 따라 걷다가 간판 보고 그냥 들어왔는데 건물은 신축한 지 오래지 않은 듯 깔끔한데 아늑한 느낌은 없다. 룸을 만들지 않고 로비에 격벽을 치고 침대를 배치했다. 이곳은 건물 뒷마당이 높은 곳에 위치하여 오후의 따스한 햇볕을 쪼일 수 있어서 좋았다.

이제 내일이면 드디어 산티아고 입성이다. 4월 22일 생장에서 출발해서 33일 동안 걸었던 나의 순례길이 끝나는 날이다. 마음이 착잡하다. 그동안 꿈을 꾸었다면 이제는 현실로 돌아가야 할 때가 되었다. 까미노에서 나는 다른 사람들과 마찬가지로 순례자였지만 이제 저들은 각자의 자리로 돌아갈 것이다. 그들이 속하고 관계 맺으며 살아가는, 내게는 어느 순간 사라져버린 그 삶의 터전 말이다. 아직은 모르겠다. 왜 하나님은 나를 이곳으로 내몰았는지.

누군가에게는 인생의 버킷리스트라고 하는 이 길을 나는 작년까지만 해도 걷고 싶다는 생각을 해본 적이 없다. 그렇기에 내몰았다는 망령된 표현을 쓴다. 순례길을 걷는 동안 하나님의 음성을 들을 수 있기를, 그리고 내게 그럴 만한 자격이 있다면 새로운 삶의 터전을 열어줄 누군가를 만나게 해달라고 빌었다. 그러나 그런 기적은 순례길이 끝나는 현재까지 일어나지 않았다. 대신, 길 위에서 크고 작은 어려움으로부터 나를 지켜주셨고, 많은 사람을 만나게 하셨고 즐겁고 감사한 시간들을 허락하셨다. 어쩌면 이것이 기적일는지도 모르겠다.

내일 산티아고 대성당 앞 광장에 도착하면 여성들은 눈물을 흘린다고 한다. 그만큼 힘든 여정이었기 때문이리라. 나는 내일 산티아고 광장에서 어떤 표정을 짓게 될까?

22

아! 산티아고 데 콤포스텔라

오 페드루소-산티아고 데 콤포스텔라 20km

7시가 되기 전에 길을 나선다. 드디어 산티아고 데 콤포스텔라에 입성하는 날. 좋은 날씨에 컨디션도 많이 회복되었다. 20km 남짓 되는 거리이니 부지런히 걸으면 11시에는 도착할 수 있을 것 같다.

마을을 벗어나니 유칼립투스 숲이 또 나온다. 이른 아침이라 나무에서 나오는 피톤치드가 강하게 느껴진다. 상쾌하다.

사람들의 걸음걸이가 매우 빠르게 느껴진다. 아무래도 일찍 도착해야지만 12시 미사에 참석할 수 있기 때문일 터이다. 그런데 들리는 얘기로는 성당 개보수 때문에 보타푸레이로 향로미사는 드리지 않은지 꽤 되었다 한다. 숲길을 빠져나오자 넓은 도로가 나온다. 도로를 따라 길이 꺾어지는 지점에 커다란 산티아고 표지석이 서 있다. 산티아고의 입성을 처음으로 알리는 오래된 표지석이다. 표지석 너머로 멀리 산티아고 도시가 보인다.

산티아고 입성을 알리는 표지석

조금 더 걸어가다 보니 길은 '파이오'라는 작은 마을을 거치는데 갈리시아 지방의 전통양식인 돌로 지은 작은 성당이 나온다. 이제는 이런 작은 마을 성당도 마지막일 것 같아 들어가 보니 아담한 성당 내부가 작은 시골

파이오 마을 성당의 십자가

마을 교회 느낌이다. 세요를 찍은 후 성당을 나서기 전 내부를 한번 훑어보는데 한쪽 벽면에 오래된 예수님 십자가상이 보인다. 갑자기 울컥해져서 예수님 십자가상 아래에서 잠시 기도를 드렸다.

'예수님, 이제 곧 산티아고 데 콤포스텔라입니다. 당신의 제자인 산티아고는 이곳에서 화려한데 당신은 여전히 낮고 초라한 모습이네요. 그래도 나에게는 당신만이 나의 주님이십니다.'

다시 걸음을 재촉하여 걷다 보니 라바코야 마을이 나온다. 산티아고에서 10km가량 떨어진 아담한 마을인데 시간이 9시가 가까워서인지 성당으로 마을 사람들이 많이 모여든다. 성당 앞에 있는 바bar에서 배낭을 내리고 보카디요와 오렌지 주스를 시켜 아침을 먹는다. 산티아고 데 콤포스텔라 순례길의 바bar에서 먹는 마지막 아침이다.

마을을 지나자 다시 숲길이 이어지는가 싶더니 완만한 언덕길을 지나고 멀찍이 까르띠에 반지 모양의 커다란 기념탑이 보인다. 몬테 도 고소 마을에 세워진 교황 바오로 2세 기념비이다. 기념비가 세워진 언덕에서 산티아고 대성당이 보인다.

길은 산티아고 도심 방향으로 진입하며 8차선의 탁 트인 도로 위를 지난다. 느낌이 묘하다. 한 달을 넘게 걸어온 이 도시로 오는 길이 저렇게 시원하게 뻗어 있었구나….

11시 10분, 드디어 산티아고 대성당 광장으로 진입했다. 사진으로만 봤던 산티아고 대성당 앞에 서서 성당을 한동안 바라보았다. 만감이 교차하는 순간이다. 산티아고 대성당 건물은 부르고스 대성당이나 레온 대성당과는 또 다른 아름다움과 위용을 갖추었다.

광장에는 젊은 친구들이 서로 부둥켜안고 환호하는 소리가 연신 들린다. 서너 명씩 팀을 이룬 일행들이 광장에 도착할 때마다 지르는 환성이었다. 대성당 맞은편 쪽으로는 많은 사람들이 건물 바닥에 주저앉아 배낭에 몸을 기대고 하염없이 성당 쪽을 바라보고 있다. 그쪽으로 나도 몸을 옮기고 있는데 누군가가 나를 툭 쳐서 보니 대호 형님이다. 아침 일찍 도착해서 벌써 순례증도 받았다고 한다. 조금 있으니 정애 씨와 한국 청년들도 광장으로 들어온다. 이렇게 다들 따로 약속하지도 않았는데 광장에서 보게 되어 반갑게 서로 얼싸안고 사진을 찍었다.

순례가 끝난 후 산티아고 성당 광장에 망연히 앉아 있는 순례자들

광장 뒤쪽 골목에 있는 순례 사무국으로 가서 한 시간가량 줄을 선 후에야 순례증명서와 출발지 생장과 걸은 거리 779km가 표기된 또 하나의 증명서를(통상 완주증명서라고 하는데 따로 3유로를 지불해야 함) 받았다.

다시 광장으로 와서 대성당 쪽으로 걸어가는데 타이완 청년들이 나를 발견하고 인사를 한다. 순례길 도중에 종종 마주쳤던 친구들이다. 이들 옆에 왕년의 레슬러 헐크 호건처럼 수건으로 머리를 싸맨 중년 남자가 서 있는데 가만 보니 수비리 마을에서 마지막으로 보았던 대만인 임호란 씨다. 둘이 서로 동시에 알아보고 반갑게 얼싸안았다. 마치 군대 보충대 동기를 전역식 때 다시 만난 것 같았다. 순례길에 타이완 사람들이 예상외로 많았다. 아마도 인

산티아고 대성당 광장에서 타이완 청년들과 함께

야고보 성인의 무덤

구비례로 보면 아시아에서 우리나라 다음이 아닐까 싶다.

대성당 입구에는 벌써부터 긴 줄이 이어지고 있다. 순례길 마지막 절차인 산티아고 성인을 뵈러 가는 줄이다. 사람들의 행렬은 성당 내부의 좁은 계단을 통해 산티아고 성인의 동상 뒷머리 쪽으로 이어졌다. 뒤에서 성인의 동상을 오른쪽, 왼쪽으로 한 번씩 안으며 순례를 무사히 마치게 해주심에 대한 감사를 표시한다.

행렬은 다시 지하로 연결되는 통로를 따라 산티아고 성인의 무덤 앞에서 잠시 묵례를 드리는 걸로 순례를 마무리한다.

대성당을 나와 출구 쪽 퀸타나 광장을 걷고 있는데 "하이" 하며 누가 툭 쳐서 보니 실비아였다. 얼떨결에 "실비아!" 하고 다가서며 "지금 도착하는

Los Heros

거니? 산티아고 입성을 축하해" 하고 말을 건넸다. 실비아와는 퀸타나 광장에서 선 채로 그렇게 마지막 인사를 나누고 서로의 행운을 빌며 헤어졌다.

그녀의 미소가 오래도록 잔상으로 남았다.

광장을 걸어 나오는데 앞쪽 건물 벽에 붙은 대리석 십자가가 눈에 들어온다. 십자가 옆 벽면에 패널이 붙어 있고 그 아래 월계관 장식이 있다. 패널 제목이 LOS HEROS로 적혀 있는 걸 보니 스페인의 영웅들을 기리는 충혼탑인 듯하다.

십자가와 면류관이 있는 곳.

나는 여기서 나의 순례를 마무리한다.

23

피스테라 & 묵시아 버스투어

피스테라

카르노타 마을에 있는 대형 오레오

산티아고 데 콤포스텔라에서 순례를 마친 순례자들은 다음 일정으로 묵시아를 거쳐 피스테라까지 89km를 더 걷는 부류와 당일치기 버스투어 부류로 나뉜다.

나는 순례자로서의 여정을 산티아고에서 끝내기로 해서 편안한 마음으로 관광버스를 탔다.

데이투어 일정은 산티아고를 출발해서 북대서양 해변 마을들을 순회하는 여정인데, 먼저 우리나라 통영을 빼닮은 뮤로스를 지나 최대 크기의 오레오가 있는 카르노타에서 정차한다. 다시 둠브리아 폭포를 거쳐 피스테라에서 내려 점심을 먹고 휴식시간을 가진 후 북대서양의 맨 끝인 묵시아를 거쳐 산티아고로 돌아오는 일정이다. 나는 피스테라의 석양을 보기 위해 버스회사에 양해를 구해서 피스테라에서 1박을 하고 그다음 날 피스테라에서 같은 회사의 관광버스를 타고 묵시아를 들러 산티아고로 돌아왔다.

피스테라 등대

피스테라는 바닷가 주변으로 레스토랑들이 있고 마트와 숙박시설도 잘 갖춰져 있다. 마을 앞으로 펼쳐진 파란 바다는 한없이 평화로워 보였다. 잔잔한 바다 위로 한가로이 떠다니고 있는 요트들의 모습이 마치 지중해의 어느 휴양 도시를 보는 듯하다.

숙박은 드 파즈De Paz(the peace)라는 이름의(피스테라에 딱 맞는 이름이다) 알베르게에서 묵었다. 숙박비 10유로의 실속형 숙소였다.

석양을 보기 위해서는 2.5km 떨어진 피스테라 등대까지 걸어서 가야 했다. 일몰을 보기 위해 일찍부터 많은 사람들이 저마다 좋은 자리를 차지하고 있었다. 맑은 날씨 덕분에 밤 10시가 가까워서야 서서히 수면 아래로 사라져가는 장엄한 일몰은 형언할 수 없을 만큼 감동스러웠다.

피스테라의 석양

이튿날 오후 2시에 다시 관광버스를 타기 위해 이동하던 중에 동네 어귀에서 재홍과 수현을 만났다. 재홍은 순례길 첫날 같은 알베르게에 묵었던 청년이고 수현은 로스아르코스에서 파스를 건네주었던 아가씨다. 산솔 마을 입구에서 같이 본 이후 만나지 못했었는데 피스테라에서 우연히 보게 되어 무척 반가웠다. 순례길 초기에 만나고 이렇듯 마지막에 우연히 다시 보게 되는 건 분명 인연일 것이다. 사노라면 또 어떤 우연으로 이들을 만나게 될까?

버스는 30분쯤 지나 묵시아 성당 입구에 도착했다. 버스에서 내리자 북대서양의 거센 바람과 함께 거친 파도가 휘몰아친다. 성당은 바다와 맞닿은 땅 끝에 자리하고 있는데, 전설에 의하면 이곳으로 성모님을 실은 배가

묵시아 성당

닿았다고 전해진다. 야트막한 바위산으로 이루어진 코르피노 전망대로 향하는 길옆에 핀 키 작은 노란 들국화들이 모진 바람에도 희희낙락 춤을 추고 있다. 마을은 전망대를 지나 큰 바다를 등지고 오밀조밀 형성되어 있다. 마을 앞으로 잔잔한 바다 위에는 피스테라와 마찬가지로 요트들이 정박되어 있어 거친 북대서양 큰 바다와는 사뭇 다른 분위기이다.

피스테라와 묵시아는 다른 듯하면서도 지형적으로 많이 닮았다. 피스테

라가 남쪽으로 뻗어 있는 곳인 반면 묵시아는 북쪽을 향해 뻗쳐 있는 점이 다르다. 버스투어 코스는 피스테라를 거쳐 묵시아로 오는 데 비해 산티아고에서부터 걷는 길은 묵시아를 먼저 거친 후 피스테라가 최종 도착지로 되어 있다. 순례길을 다시 오게 된다면 산티아고에서 피스테라까지의 89km를 천천히 꼭 걷고 싶다는 생각을 하면서 산티아고로 돌아가는 관광버스에 몸을 실었다.

글을 마치며

노란 화살표가 사라졌다. 다시 불안이 시작되었다.

기적은 일어나지 않았고 나의 삶에 드라마틱한 변화는 아직 없다.

그러나 일상의 작은 변화는 시작되고 있었다. 나의 내면과 태도에 조금씩 변화가 생겼다.

순례길에서 헤아릴 수 없을 만큼 많은 도움을 받으며 감사를 배웠고, 모스텔라레스 언덕 너머 메세타의 거센 바람을 수용하며 한 걸음씩 내디뎠던 끈기를 몸이 기억했다.

순례를 마치고 제일 먼저 한 일은 미루어왔던 새 신자 등록이었다. 3년 전 안수집사의 신분을 스스로 던진 이후 내가 드릴 수 있는 가장 낮은 단계의 순종이라 믿었기 때문이다.

편집을 공부해서 유튜브 채널을 개설했다. 공부하고 배우는 재미에 눈을 떴다.

그러나 거기까지였다.

이런저런 새로운 시도가 현실의 벽을 넘지 못하고 휘청거릴 때 닥쳐온 코로나19라는 재앙은 세상으로부터 나를 완벽하게 단절시켰다. 아무 데도 갈 곳이 없고 아무런 할 일이 없어진 내게 산티아고의 추억은 영혼의 도피처였다.

그렇게 다시 시작된 산티아고 순례길은 실제로 걸었던 몇 곱절의 시간을 걸으며 산티아고의 기억을 한 올 한 올 풀어냈다.

글을 쓰는 동안 순례길에서 만났던 여러 사람이 기억났다. 그들과 나눈 대화가 생각났고 그들의 표정과 억양까지 선명하게 떠올랐다.

매번 주차 위치를 기억하지 못해 주차장에 들어서자마자 카 리모컨부터 누르는 나의 허약한 기억력으로서는 믿기 어려운 현상이었다.

발카르세 성당 방명록에 '주님을 만나고 하나님의 음성을 듣는 놀라운 경험을 하게 하소서'라고 적었었다. 1년이 지난 지금은 그때의 이야기를 책으로 출간하게 되었다. 불과 수개월 전까지만 해도 생각하지 못했던 놀라운 경험임에 틀림없다.

글을 쓰기로 마음먹게 된 건 모압 여인 룻에 관한 설교를 듣고서였다.

아무런 할 일이 없을 때 이삭을 주우러 나갔던 룻처럼, 나는 기억 속의 산티아고를 걸으며 밀린 숙제를 하듯 순례길의 이야기들을 풀어냈다.

어떠한 상황에서라도 내가 할 수 있는 것을 행하는 것.

그렇게 '순종'을 배워가고 있다.

미숙한 글이 책으로 나온다는 게 아직 믿기질 않는다.

순례길을 걷는 동안 만났던 모든 사람들께 감사드리며 그들의 삶을 위해 기도드린다.

아울러, 코로나19로 고통받는 인류를 위한 하나님의 계획이 속히 이루어지기를 기도드린다.